Natalija Atanasova-Pancevska

Champignons anaérobies de monogastriques et de ruminants de Macédoine

Natalija Atanasova-Pancevska

Champignons anaérobies de monogastriques et de ruminants de Macédoine

ScienciaScripts

Imprint
Any brand names and product names mentioned in this book are subject to trademark, brand or patent protection and are trademarks or registered trademarks of their respective holders. The use of brand names, product names, common names, trade names, product descriptions etc. even without a particular marking in this work is in no way to be construed to mean that such names may be regarded as unrestricted in respect of trademark and brand protection legislation and could thus be used by anyone.

Cover image: www.ingimage.com

This book is a translation from the original published under ISBN 978-3-330-35045-8.

Publisher:
Sciencia Scripts
is a trademark of
Dodo Books Indian Ocean Ltd. and OmniScriptum S.R.L publishing group

120 High Road, East Finchley, London, N2 9ED, United Kingdom
Str. Armeneasca 28/1, office 1, Chisinau MD-2012, Republic of Moldova, Europe
Printed at: see last page
ISBN: 978-620-7-44338-3

Copyright © Natalija Atanasova-Pancevska
Copyright © 2024 Dodo Books Indian Ocean Ltd. and OmniScriptum S.R.L publishing group

TABLE DES MATIÈRES

TABLE DES MATIÈRES 1
1. INTRODUCTION 2
2 CHAMPIGNONS ANAÉROBIES EN RÉPUBLIQUE DE MACÉDOINE 39
RÉFÉRENCES 84

1. L'INTRODUCTION

1.1. Les herbivores et leur système digestif

Les herbivores, tout comme les autres vertébrés, ne sont pas capables de produire des cellulases et/ou des hémicellulases. Au lieu de cela, de nombreux herbivores forment des associations symbiotiques avec des bactéries, des protozoaires et des champignons qui produisent ces enzymes et sont donc capables de dégrader les polymères végétaux. Cette situation a fait écrire à Attenborough (1990) : "La plupart des grands animaux ne sont pas des individus isolés comme ils le paraissent. Ils constituent une unité mobile de différents types d'organismes qui sont liés à l'évolution d'une manière différente, dans le meilleur et dans le pire, dans la maladie et dans la santé, pour vivre ensemble".

En échange d'un environnement relativement constant et d'un flux continu de matériel végétal, les micro-organismes du système digestif des herbivores fournissent à l'animal une forme de carbone et d'énergie facilement utilisable, et aux ruminants des protéines microbiennes.

Parmi les mammifères, il existe deux grands types de mammifères herbivores. Les premiers sont les ruminants (mammifères de l'ordre des *Artiodactyla)* qui digèrent largement le matériel végétal en 60 à 90 heures, à partir de la prise de nourriture dans le rumen (Church, 1969). Les seconds sont des herbivores à fermentation de l'intestin postérieur comme les *Equidae* (chevaux) et les *Elephantidae* (éléphants), chez qui le matériel végétal traverse le système digestif plus rapidement (30-40 heures) et n'est pas digéré de manière aussi complète que chez les ruminants (Warner, 1981). Quoi qu'il en soit, les deux types de mammifères herbivores dépendent des micro-organismes lorsqu'il s'agit de digérer la biomasse végétale ; alors que les ruminants dépendent principalement de la fermentation prégrastique dans le rumen (figure 1), la dégradation microbienne lors de la fermentation de l'intestin postérieur des herbivores se produit principalement dans le cæcum et le côlon, qui suit la digestion gastrique (figure 2). La fermentation prégrastique apparaît également chez d'autres mammifères, par exemple *Macropus* spp. (kangourous), mais les modifications du système digestif ne sont pas aussi importantes que chez les ruminants.

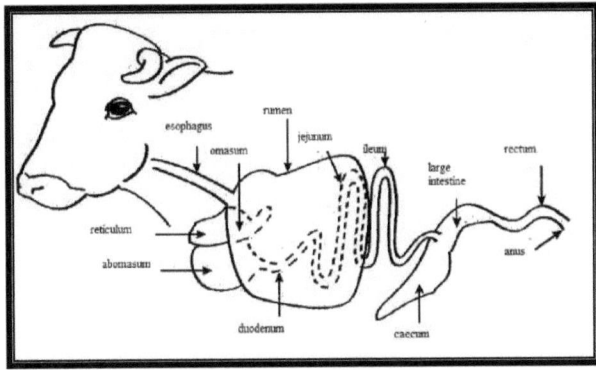

Figure 1. Schéma du système digestif des ruminants.

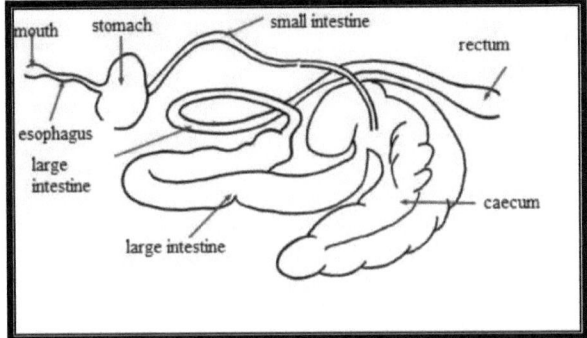

Figure 2. Schéma du système digestif des mammifères herbivores à intestin postérieur (comme les chevaux) ;
la digestion microbienne se situe dans le cæcum et le côlon, après la digestion gastrique et la digestion dans l'intestin grêle.

L'estomac des ruminants se compose de quatre chambres (figure 3). Les trois premières (rumen, réticulum et omasum) sont des chambres prégastriques formées par une modification de l'œsophage. La quatrième, la caillette, est un lieu de digestion gastrique et équivaut à l'estomac chez les mammifères monogastriques. Le rumen est la plus grande chambre prégraisseuse et forme, avec le réticulum, un grand vaisseau de fermentation (d'une capacité de 100 à 150 litres chez les vaches et de 10 litres chez les moutons ; Hobson et Wallace, 1982) qui contient une importante population de micro-organismes.

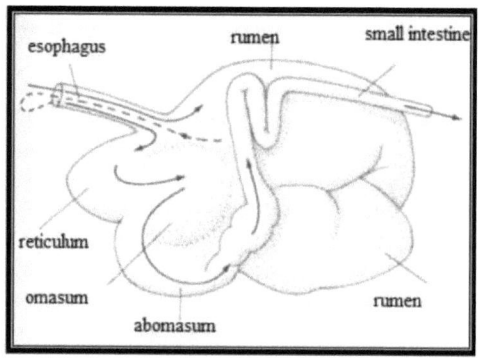

Figure 3.   Disposition des quatre chambres chez les ruminants.

Lorsque les ruminants mangent, plusieurs bouchées de matière végétale sont mélangées à la salive et finalement avalées sous forme de bolus sans autre forme de mastication. Le bolus, qui pèse environ 100 g chez le mouton (Hungate, 1966), est amené à l'œsophage et est projeté de manière péristaltique dans le rumen. La salive excrétée par les ruminants (6-16 L d^{-1} chez les moutons et 98-190 L d^{-1} chez les vaches ; Hobson, 1971) sert à humidifier les bolus. La salive est composée de nombreux sels, mais le plus important est qu'elle contient un tampon bicarbonate/phosphate, qui aide à maintenir le pH du rumen entre 6 et 7. Dès que le bolus atteint le rumen, il est mélangé aux matières déjà digérées grâce aux contractions de la paroi du réticulum-rumen. Par conséquent, la salive est redistribuée, l'absorption des acides de fermentation est augmentée et le volume des particules végétales est réduit, ce qui facilite leur passage du rumen et de l'omasum vers la caillette. Les vents produits par la fermentation microbienne dans le rumen sont libérés par la bouche de l'animal via l'éructation ; en fait, la contraction de la paroi du rumen entraîne la dislocation du vent sur la matière végétale digérée à travers l'œsophage, la bouche et hors de l'animal.

Le flux de matières digérées dans le rumen est sélectif, de sorte que l'orifice réticulo-omasal agit comme un filtre pour les particules végétales dépassant un certain volume. Cet orifice canalise les liquides et les petites particules, généralement de 1,5 à 2 mm chez les vaches et de 1 mm chez les moutons (Ulyatt *et al.*, 1986 ; Ulyatt, Baldwin et Koong, 1976), ainsi que les microbes flottant librement dans l'omasum, où l'eau et les acides de fermentation sont absorbés. Les particules végétales plus grosses restent dans le réticulum, où elles provoquent la rumination, la régurgitation, la mastication et la déglutition d'un nouveau bol alimentaire. Le temps de rétention des liquides et des petites particules, y compris les micro-organismes, dans le rumen est d'environ 10 à 24 heures, alors que les particules végétales plus grosses peuvent rester dans le rumen pendant 2 à 3 jours, période pendant laquelle une digestion microbienne extensive des fibres végétales apparaît (Hobson et Wallace, 1982).

La physiologie digestive des ruminants, qui suit l'omasum, est similaire à celle des mammifères monogastriques. Les matières digérées passent de l'omasum à la caillette où la pepsine et le HCl sont excrétés et où se produit la digestion des protéines : l'hydrolyse enzymatique et acide provoque la digestion de la biomasse microbienne, ce qui libère des acides aminés, des acides gras et des vitamines, qui sont ensuite mis à la disposition de l'animal. La digestion alcaline a lieu dans l'intestin grêle. Le cæcum et le côlon sont les endroits où se produit la fermentation microbienne de la matière première non digérée, avant l'élimination des matières fécales.

1.1.1 Conditions environnementales dans le rumen

Les ruminants dépendent de la conversion microbienne de la biomasse végétale, dont ils utilisent les produits pour leur énergie et leur croissance. En retour, les micro-organismes dépendent des animaux qui leur fournissent en permanence des matières premières et un environnement plus ou moins constant, ce qui favorise leur croissance. Ainsi, le rumen est un système continu de culture de micro-organismes, ce qui est dû à la nature hétérogène du substrat, en particulier du volume des particules et de leur poids spécifique. Par conséquent, les micro-organismes présents dans le rumen sont soumis à des conditions environnementales différentes et les équations utilisées pour décrire le chemostat bien mélangé (Pirt, 1975) ne peuvent pas être appliquées ici (Hobson et Wallace, 1982).

Le rumen maintient sa température à 39° C (Lin, Patterson et Ladisch, 1985), principalement grâce à la chaleur libérée par le métabolisme aérobie des animaux, mais aussi grâce à la chaleur de la fermentation microbienne dans le rumen. Le liquide du rumen a un pH compris entre 5,8 et 6,8 ; la valeur exacte dépend du type d'aliment et de la fréquence d'alimentation. La fermentation de polymères végétaux complexes en produits plus simples par les micro-organismes du rumen entraîne la production de trois principaux acides gras volatils, normalement présents dans la ration suivante : (Lin *et al.,* 1985) : acétate (56-70%), propionate (17-29%) et butyrate (9-19%). La phase gazeuse dans le rumen, sur la matière digérée, varie dans son contenu, mais elle contient normalement du CO_2 (65%), du CH_4 (27%), du N_2 (7%), de l'O_2 (0,6%), du H_2 (0,2%) et du H_2S (0,1%)

(Hobson, 1971).

Pendant l'alimentation, une petite quantité d'air pénètre dans le rumen, mais l'oxygène est rapidement consommé par les bactéries anaérobies facultatives, ce qui maintient le potentiel d'oxydoréduction des matières digérées entre -250 et -450 mV (Hobson et Wallace, 1982). Les conditions présentes dans le rumen sont résumées dans la figure 4.

1.1.2. Micro-organismes dans le rumen

L'écosystème microbien du rumen est à la fois stable et dynamique (Kamra, 2005). La stabilité se traduit par le fait que le système lui-même est bien réglé, dans son fonctionnement et dans la bioconversion des aliments en acides gras volatils. Chez les ruminants en bonne santé, il n'y a pas de contamination de l'écosystème, bien que des millions de micro-organismes attaquent le rumen chaque jour par le biais de la nourriture, de l'eau et de l'air.
Cela est dû au fait que les micro-organismes du rumen sont adaptés pour survivre aux conditions du rumen, alors que les contaminants ne survivent pas. Il s'agit de l'anaérobiose, d'une capacité tampon élevée et de la pression osmotique. D'autre part, l'écosystème est dynamique en raison de la modification de la population microbienne par le changement de nourriture et de fréquence d'alimentation.

Lorsque les jeunes ruminants naissent, ils n'ont pas les micro-organismes des animaux adultes. Le lait arrive dans le rumen par l'œsophage et il y a une digestion normale, aidée par les lactobacilles et les streptocoques, qui sont les principaux micro-organismes de l'intestin.

Mais lorsque l'animal commence à brouter, le rumen se développe et l'animal a besoin de micro-organismes, importants pour son existence future. Lorsque le rumen est complètement développé, il est constitué d'un grand nombre de bactéries, de protozoaires et de champignons présents dans le liquide, associés à des fragments de plantes et servant de couverture à l'épithélium du rumen (Latham, 1980). La concentration de cette population dans le liquide du rumen est de l'ordre de $109-10^{10}$ ml^{-1} pour les bactéries, $105-106$ ml^{-1} pour les protozoaires (Hungate, 1966), et environ $1*10^1$ ml^{-1} pour les zoospores fongiques (Theodorou et al., 1990). Des champignons anaérobies ont été observés pour la première fois dans le rumen (Fonty et al., 1987) et les fèces (Theodorou et al., 1994) des agneaux 8 jours et 5 semaines après leur naissance respectivement, et dans les fèces des bovins (Theodorou et al., 1994) quatre semaines après leur naissance.

De manière surprenante, Fonty et al. (1987) ont constaté que les champignons anaérobies disparaissaient du rumen chez 9 des 11 agneaux étudiés, après leur avoir donné de la nourriture solide (le 21e jour[st]).

Selon Eadie (1962) et Lowe et al. (1987), les protozoaires, les bactéries et les champignons anaérobies arrivent dans la bouche des parents pendant la rumination et passent à leur progéniture pendant qu'ils lèchent leurs petits. Les bactéries du rumen sont également transmises à la progéniture par les aérosols (Hobson, 1971) et la nourriture (Becker et Hsuing, 1929). D'une manière ou d'une autre, lorsque la progéniture cesse de téter, son rumen est complètement fonctionnel et capable de digérer les aliments végétaux à base de fibrose.

A ce jour, plus de 200 types de bactéries du rumen ont été décrits, mais les principaux types impliqués dans la décomposition de la cellulose dans le rumen sont *Bacteroides succinogenes, Ruminococcus albus, R. flavefaciens* et *Eubacterium cellulosolvens*. Ces bactéries se fixent à la surface de la paroi cellulaire des plantes (Latham *et al.*, 1978 ; Stack et Hungate, 1984), formant des fosses qui dégradent la cellulose (Alkin, 1980). L'hémicellulose est dégradée par des bactéries cellulolytiques, telles que *Butyvibrio fibriosolvens* et *Bacteroides ruminicola* (Hungate, 1966 ; Dehority et Scott, 1967). Les autres composants de la matière végétale utilisés par les bactéries sont la pectine (*Lachnospira multiparus*), l'amidon (*Bacteroides amylophilus*) et les lipides *(Anaerovibrio lipilytica)* (Hobson, 1971 ; Hobson et Wallace, 1982). Certaines bactéries du rumen utilisent également les produits de fermentation produits par d'autres micro-organismes du rumen. Par exemple, *Veillonella alcalescens, Megasphaera elsdenii* et *Selenomonas ruminantium* var. *lactilytica* utilisent le lactate ou le succinate et produisent de l'acétate ou du propionate comme produits finaux de la fermentation. Les bactéries méthanogènes, comme *Methanobacterium ruminantium* et *M. mobilis*, utilisent soit le formiate, soit l'H_2 et le CO_2 comme substrats pour la croissance et la production de méthane.

Il existe trois groupes de protozoaires dans le rumen : les flagellés du rumen, les entodiniamorphidas et les holotriches (Williams, 1986). La plupart d'entre eux n'utilisent pas uniquement la biomasse végétale comme substrat de croissance, mais se nourrissent également d'autres micro-organismes du rumen, par le biais de la prédation. Sur plus de 100 types de protozoaires du rumen décrits, aucun ne se développe de manière axénique, bien qu'environ 20 types se développent *in vitro*, en présence de bactéries. Les animaux dépourvus de protozoaires restent en bonne santé (Hobson et Wallace, 1982). Ceci nous amène au fait que les bactéries et les champignons anaérobies sont les principaux organismes responsables de la digestion du matériel végétal chez les herbivores.

1.2. La découverte des champignons anaérobies

La survie des mammifères herbivores dépend de la symbiose avec les microgranismes présents dans leur système digestif. Le régime alimentaire des mammifères herbivores qui broutent l'herbe se compose d'hydrates de carbone végétaux tels que la cellulose et l'hémicellulose, que les animaux eux-mêmes sont incapables de digérer. Au lieu de cela, les micro-organismes symbiotiques présents dans le tube digestif, en particulier dans le rumen des ruminants et dans le cæcum et l'intestin postérieur des non-ruminants, hydrolysent ces composés dans des conditions anaérobies, en produisant des cellules microbiennes et des acides gras volatils (AGV) que les animaux peuvent utiliser comme sources d'éléments nutritifs. (Hungate, 1966 ; Bauchop et Clarke, 1977 ; Hobson, 1988). Afin de comprendre et de contrôler la digestion des hydrates de carbone végétaux et d'améliorer la production des ruminants, la population microbienne du rumen des moutons domestiques et des chèvres a été étudiée de manière intensive (Hungate, 1966 ; Bauchop et Clarke, 1977 ; Hobson, 1988).

La population microbienne du rumen est différente et, jusqu'à la découverte des champignons anaérobies, on pensait qu'elle se composait principalement de bactéries anaérobies et anaérobies facultatives, de ciliés et de flagellés. Les premiers travaux (Liebetanz, 1910 ; Braune, 1913) documentent l'existence d'uniflagellés, de biflagellés et de multiflagellés dans le contenu du rumen, estimant qu'il s'agit de protozoaires flagellés. Ces organismes ont été classés dans les genres *Callimastix, Oikomonas, Monas* et *Sphaeromonas*. Des organismes multiflagellés similaires à *Callimastix frontalis* décrits par Braune (1913) dans le rumen ont été trouvés par la suite dans différents habitats ; *C. equi* Hsuing a été trouvé dans le caecum du cheval (Hsuing, 1929) ; *C. jolepsi* dans les poumons (Bovee, 1961), et *C. cyclopsis* dans le copépode *Cyclops stenuus* (Vavra et Joyon, 1966).

Le statut des orgnaismes de miltiflagellés provenant du cæcum et des poumons de cheval devait être déterminé, mais *C. cyclopsis* a été partiellement examiné. (Vavra et Joyon, 1966). On a découvert que le flagellé était en fait un zoospore de champignon avec un stade végétatif plasmodial qui se développait dans la cavité corporelle de l'hôte - le copépode - et qui, à maturité, entraînait la croissance des flagellés. On pensait que les flagellés infecteraient alors un nouvel hôte pour poursuivre le cycle de vie. Cette espèce ayant été identifiée comme un champignon et non comme un protozoaire, il a été suggéré que les flagellés du rumen à flagelles multiples, qui étaient toujours considérés comme des protozoaires flagellés, soient reclassés en tant qu'espèces de zooflagellés dans le nouveau *Neocallimastix* (Vavra et Joyon, 1966), avec *frontalis* (Braune, 1913) en tant que type.

Le premier rapport sur l'isolement d'un champignon anaérobie, de type *Neocallimastix*, a été présenté en 1975 (Orpin). L'organisme a été isolé au cours d'un essai d'isolement et de culture de protozoaires flagellés anaérobies du contenu du rumen de moutons, en utilisant la procédure publiée (Jensen et Hammond, 1964). Le flagellé s'est réellement développé dans une culture, mais il n'a pas été possible de séparer les flagellés de ce qui semblait être une croissance fongique végétative dans la culture. Rapidement, il a été mis en évidence que les flagellés étaient libérés des structures reproductrices créées sur le rhizoïde fongique et que le cycle de vie de l'organisme consistait en une alternance entre les zoospores flagellées et mobiles et le rhizoïde végétatif qui porte les structures reproductrices. L'organisme était similaire, tant sur le plan morphologique que sur le plan du cycle de vie, aux champignons chytridiomycota, mais il était strictement anaérobie. Jusqu'alors, les champignons étaient considérés comme aérobies ou anaérobies facultatifs, et la détection de micro-organismes similaires aux chytridiomycota, mais capables de se développer dans des conditions chimiquement réduites, en l'absence d'oxygène moléculaire, était une nouveauté. En raison de la nature révolutionnaire de la découverte, l'acceptation par l'association scientifique s'est faite lentement. La présence de chitine dans les parois cellulaires de ces organismes et de ceux qui leur ressemblent (Orpin, 1977) a confirmé qu'il s'agissait bien de champignons, outre le fait qu'ils sont strictement anaérobies.

Les méthodes d'isolement et de culture des champignons anaérobies se sont améliorées depuis lors, de sorte que les organismes peuvent désormais être régulièrement isolés à partir d'habitats adeqaute avec peu de difficultés. Les champignons anaérobies sont désormais considérés comme des composants normaux de la population microbienne du rumen.

Il n'est pas difficile de comprendre pourquoi les champignons du rumen sont restés inconnus jusqu'en 1975, alors que les recherches sur les bactéries anaérobies et les protozoaires allaient bon train. En effet, les flagellés des champignons de la panse ont été décrits comme des protozoaires flagellés. D'autre part, le travail des protozoaires flagellés dans le rumen est limité en raison de leur faible densité de population, et l'on pense également qu'ils n'ont qu'une faible importance dans le métabolisme du rumen. De cette manière, les flagellés fongiques ont également été ignorés. En outre, les microbiologistes du rumen filtraient souvent le contenu du rumen à l'aide d'un bandage afin d'éliminer les gros fragments de plantes avant les analyses microbiologiques, comme l'indique Bauchop (1979a). Par conséquent, les microbiologistes séparaient la plus grande partie de la croissance végétative des champignons de leur matériel de travail, et ce n'est qu'avec l'introduction d'Orpin (1977a, 1977b) sur l'invasion des tissus végétaux par les flagellés des champignons du rumen, et le microscope électronique à balayage de Bauchop (1980), que l'importance de la séparation des particules végétales du contenu du rumen a été perçue. La croissance fongique est normalement en relation étroite avec les fragments digérés. Quoi qu'il en soit, la manipulation brutale lors de l'égouttage du contenu du rumen endommage parfois la croissance fongique végétative et sépare les sporanges des rhizoïdes. Ces sporanges peuvent se différencier des protozoaires présents dans le liquide filtré du rumen par leur absence de mobilité, leur forte réfraction et l'absence de cils ; ils contiennent des plaques non squelettiques et sont généralement courts, attachés au rhizoïde.

Les autres raisons pour lesquelles les champignons du rumen n'ont pas été découverts jusqu'à présent sont les difficultés à isoler les champignons du contenu du rumen sans utiliser d'antibiotiques pour supprimer la croissance des bactéries (Orpin, 1975 ; Orpin, 1977b ; Orpin, 1976 ; Theodorou et Trinci, 1989) et la nécessité d'isoler à partir de petites solutions de liquide du rumen. Cela se produit généralement dans une fourchette de 10^{-3}-10^{-5}, beaucoup plus faible que l'isolement des bactéries anaérobies du rumen. Ainsi, les collones des champignons anaérobies ne seront probablement pas observées lors de l'isolement des bactéries du rumen.

Tous les champignons anaétobes isolés jusqu'à présent vivent dans le rumen et le réticulum des ruminants, dans l'estomac antérieur des chameaux et des marsupiaux macropodes, ou dans le cæcum et le gros intestin d'autres animaux, principalement des herbivores de plus grande taille. Chez les ruminants, ils peuvent être isolés de toutes les parties du tractus gastro-intestinal et des fèces, mais il existe peu de données montrant qu'ils se développent dans un autre organe que le rumen. Les nombreux essais visant à les isoler dans d'autres habitats, tels que les lagunes anaérobies, se sont révélés infructueux (Orpin et Joblin, 1988 ;

Bauchop, 1989).

Ce qui est important, c'est que l'ensemble des connaissances sur les champignons anaérobies remonte à 1975 ; la découverte de ce groupe inhabituel d'eucariotes, qui est un phénomène rare, se reflète aujourd'hui dans les efforts importants déployés par les scientifiques du monde entier pour comprendre leur écologie, leur biochimie, leur phylogénie et leur rôle dans l'alimentation des herbivores.

En République de Macédoine, il s'agit de la première étude portant sur les champignons anaérobies chez les animaux herbivores domestiques et sauvages.

1.3. Position taxonomique

La seule ultrastructure des champignons anaérobies, leur adaptation au tractus gastro-intestinal des herbivores et leur présence parmi des animaux phylogénétiquement différents nous enseignent qu'ils ont pu exister en tant que groupe distinct jusqu'à l'époque où ces mammifères ont commencé à diverger, il y a au moins 120 millions d'années (Munn, 1994). Bien que la taxonomie des champignons anaérobies soit relativement peu connue, on sait généralement qu'il s'agit de champignons produisant des zoospores et qu'ils devraient appartenir à la classe des *Chytridiomycetes*. L'ordo *Spizellomycetales* dans les *Chytridiomycetes* a été établi par Barr (1980) avec la division des *Chytridiales* afin d'expliquer les différences dans l'ultrastructure des zoospores (http://www.indexfungorum.org). Quoi qu'il en soit, il existe de nombreuses similitudes entre les familles et les genres des deux ordres (*Spizellomycetales* et *Chytridiales*).

Six ordres sont connus : Neocallimastix, Piromyces, Orpinomyces, Anaeromyces, Caecomyces, et depuis peu Cyllamyces (Ozkose *et al.*, 2001).

Pour l'instant, les champignons anaérobies sont classés comme suit (Barr, 1988 ; Barr *et al.*, 1989) :

    Regnum: Mycota

    Phylum: Eumycota

    Sous-embranchement : Mastigomycotina

    Classis: Chytridiomycetes

    Ordo: Spizellomycetales*

    Familia: Neocallimasticaceae

Genre :

monocentrique :

    Caecomyces (les zoospores ont un ou deux flagelles)

    Neocallimastix (les zoospores ont 4 à 20 flagelles)

    Piromyces (les zoospores ont 1 à 4 flagelles)

polycentrique :

    Orpinomyces (les zoospores sont multiflagellées)

    Anaeromyces (les zoospores ont un flagelle)

    Cyllamyces (les zoospores ont un flagelle)

*Li, Heath et Packer (1993) suggèrent que les champignons anaérobies devraient appartenir à un nouvel ordo, Neocallimasticales.

L'ordo des champignons anaérobies est défini sur la base de la morphologie du thalle (monocentrique ou polycentrique), du type de rhizoïde (filamenteux ou filiforme) et du nombre de flagelles dans une zoospore, et les types se différencient principalement en fonction des détails de l'ultrastructure de la zoospore (Munn, Orpin et Greenwood, 1988 ; Munn 1994).

Les analyses des séquences d'ARN ribosomique 18S sont utilisées pour déterminer les liens phylogénétiques entre les champignons anaérobies, les chytrides aérobies et les autres eucaryotes. Il a été convenu que les champignons anaérobies du rumen forment un groupe monophylétique avec une similarité de séquence de 97-99% (Dore et Stahl, 1991), bien que les liens au sein du groupe ne soient pas encore clairs. Les analyses de la région ITS1 de la séquence des gènes ARNr suggèrent que *Neocallimastix* (zoospores multiflagellées), *Piromyces* (zoospores monoflagellées) et *Orpinomyces* (zoospores multiflagellées) sont étroitement liés, tandis que *Anaeromyces* (zoospores monoflagellées) sont différents de ces genres (Li et Heath, 1992). Munn (1994) a conclu que le fait d'avoir des zoospores multiflagellées ou monoflagellées n'est pas une différence insignifiante, et il suppose que la famille (séparée de *Neocallimasticaceae*, qui continue à contenir des champignons anaérobies multiflagellés) devrait être augmentée, afin d'ajuster les types monoflagellés de champignons anaérobies. Les données de la séquence elle-même ne peuvent pas résoudre toutes les questions taxonomiques posées par les champignons anaérobies. Les analyses cladistiques de la séquence ou les caractéristiques morphologiques, ultrastructurales et autres seront très importantes à l'avenir, pour une meilleure compréhension du statut taxonomique de ces micro-organismes uniques.

Selon Barr (1988), le principal problème de la systématique des *Chytridiomycetes* est que de nombreux types présentent des variations morphologiques importantes. En effet, certains types sont Les Chytridiomycètes ne sont pas étudiés en culture pure et leurs variations morphologiques sont si importantes que quelques critères spécifiques ou génériques peuvent être trouvés dans la littérature classique. Par conséquent, le microscope électronique à transmission a été utilisé pour confirmer la taxonomie des Chytridiomécètes (Heath *et al.,* 1983). Une attention particulière a été portée à la structure fine des kinétosomes et des structures additionnelles comme outil de caractérisation des *Chytridiomycètes*. Quoi qu'il en soit, le développement morphologique observé au microscope optique fournit des données suffisantes pour déterminer le taxon, et la croissance est également examinée dans un milieu constant défini (Barr *et al.,* 1989).

Chez les champignons anaérobies et les autres *Chytridiomycetes*, il existe une grande variation de morphologie dans les isolats clairs qui se développent sur différents milieux et en culture unique dans différents stades d'âge. Cela concerne en particulier *Neocallimastix* spp. et *Piromyces* spp.

En conséquence, il est recommandé d'utiliser, si possible, le milieu de Heath (1988) pour l'étude de la morphologie comparative et l'identification de nouveaux isolats.

Tableau 1. Clé d'identification des champignons anaérobies au niveau générique.

1.	Vegetative growth/monocentric	2
	Vegetative growth/polycentric	5
2.	Zoospores with more than 7 flagella, usually 7-15	*Neocallimastix*
	Zoospores with 1-4 flagella	3
3.	Vegetative growth with threadlike rhizoids	4
	Vegetative growth without threadlike rhizoids, rhizoid philaments	*Piromyces*
4.	Only bulbous rhizoids and (in old cultures) thick philaments	*Sphaeromonas*
	Several fibriral rhizoids are present, or rhizoid corals	*Caecomyces*
5.	Uniflagellate zoospores	*Ruminomyces* *Anaeromuces*
	Multiflagellate zoospores	*Orpinomyces*

Tableau 2. Présence de champignons anaérobies chez les ruminants.

Type of animals	Type of fungi found	Reference
Domestic sheep (*Ovis aries*)	N, P, S, O	Orpin, 1975; Orpin, 1977b; Orpin, 1976; Lowe, Theodorou, Trinci, 1987d
Domestic cattle (*Bos taurus*)	N, P, S, O, A	Bauchop, 1979a; Heath *et al.*, 1983; Barr *et al.*, 1989; Ho *et al.*, 1990

N= *Neocallimastix* spp ; P= *Piromyces* spp ; S= *Sphaeromonas* spp ; O= *Orpinomyces* spp ;

Domestic cattle (*Bos indicus*)	N, P	Phillips, 1989; Ho, Abdullah, Jalaludin, 1988b
Domestic goat (*Capra hircus*)	N, S, P	Orpin and Joblin, 1988
Barbary sheep (*Ammotragus lervia*)	S, N	Orpin and Joblin, 1988
Gaur (*Bos gaurus*) (feces)	S, N	Milne *et al.*, 1989
Musk-ox (*Ovibos moschatus*)	S, P	Orpin and Joblin, 1988
Mouflon (*Ovis ammon musimon*)	S, N, P	Orpin and Joblin, 1988
Water buffalo (*Bubalus arnee*)	S, N, O	Phillips, 1989; Ho, Abdullah, Jalaludin, 1988a
Red deer (*Cervus elephus*)	Sp	Bauchop, 1980
Impala (*Aeryceros melampus*)	Sp	Milne *et al.*, 1989
Reindeer (*Rangifer tarandus*)	N	Orpin and Joblin, 1988
Svalbard reindeer (*Rangifer tarandus platyrhunchus*)	N	Orpin *et al.*, 1986

A= *Anaeromyces* spp ; Sp= sporanges non définis trouvés dans le contenu du rumen.

1.4. Distribution dans la nature

Chez de nombreux ruminants (tableau 2) et herbivores non ruminants (tableau 3), la présence de champignons anaérobies uniflagellés et multiflagellés a été observée ou isolée. Mais, jusqu'à présent, seuls les types monocentriques uniflagellés ont été trouvés dans le tractus gastro-intestinal des herbivores non ruminants ; les types multiflagellés ne sont trouvés que chez les ruminants et les chameaux (Orpin et Joblin, 1988). Des types polycentriques sont isolés chez des vaches et un buffle d'eau (Barr *et al.*, Breton *et al.*, 1989 ; Ho *et al.*, 1990 ; Akin *et al.*, 1988 ; Phillips, 1989) et un mouton. Des expériences sont faites (Orpin, 1961) pour isoler le multiflagellé *Neocallimastix equi* qui avait été observé dans le contenu d'un cæcum de cheval (Hsuing, 1929), mais aucune cellule semblable à ce type n'a été observée chez quelques chevaux examinés en Angleterre (Orpin, 1961) ou chez trois animaux d'Australie, de sorte qu'on ne peut encore tirer aucune conclusion sur le statut de ces organismes en dehors de l'annonce que *"C. equi du colon des Equides* (Hsuing, 1929) est sans doute synonyme de C. *frontalis""*, *c*'est-à-dire que "*C. equi* from the large intestine of Equides (Hsuing, 1929), is no doubt a synonym for *C. frontalis"* (Vavra et Joyon, 1966).

Bauchop (1989) affirme la présence de champignons anaérobies dans l'estomac antérieur de plusieurs marsupiaux macropodes. La présence de champignons anaérobies dans l'estomac avant du kangourou gris de l'Est *(Macropus giganteus)* est certifiée (Bauchop, 1983), et ils sont isolés des fèces de *Macropus robustus,* mais pas des fèces du kangourou gris de l'Est. Tous les types qui ont été isolés des deux animaux étaient des types monocentriques, uniflagellés, similaires à Piromyces. Il est également intéressant de mentionner que les types uniflagellés ont été isolés à partir de deux échantillons de *Rodentia : le* mara et une fois un cochon d'Inde (Orpin, 1976) ; la recherche d'autres (grands) Rodentia peut montrer la présence d'autres champignons anaérobies.

Tableau 3. Présence de champignons anaérobies chez les mammifères non ruminants.

	Fungi	Place	Reference
Camelidae			
Dromedary (*Camelus dromedarius*)	N	Fs	Bauchop, 1983
Guanaco (*Lama guanicoe*)	N, P	Fs	Bauchop, 1983
Odd-toed ungulate *(Pessidactylia)*			
Horse (*Equus caballus*)	P, C	Ce, Fe	Bauchop, 1980; Gold *et al.*, 1988; Li *et al.*, 1990
Donkey (*Equus asinus*)	P, C	Fe	Bauchop, 1983
Zebra (*Equus caballus*)	Sp	Fe	Bauchop, 1983
Asian elephant (*Elephas maximus*)	P	Fe	Li *et al.*, 1990; Teunissen *et al*, 1991
African Bush elephant (*Loxodonta africana*)	P, S	Fe	Bauchop, 1980; Teunissen *et al.*, 1991
Black rhinoceros (*Diceros bicornis*)	P	Fe	Teunissen *et al.*, 1991
Indian rhinoceros (*Rhinoceros unicornis*)	P	Fe	Teunissen *et al.*, 1991
Rodent (*Rodentia*)			
Mara (*Diplochotis patagonum*)	P	Fe	Teunissen *et al.*, 1991
Brazilian guinea pig (*Cavia aperea*)	S	Ce	Orpin, 1976
Macropods *(Macropodidae)*			
Eastern grey kangaroo (*Macropus giganteus*)	P	Fs	Bauchop, 1983
Common wallaroo (*Macropus robustus)*	P	Fe	Bauchop, 1983
Red-necked wallaby (*Macropus rufogriseus*)	Sp	Fs	Bauchop, 1983
Wallaby (*Macropus bicolor*)	Sp	Fs	Bauchop, 1983

N= *Neocallimastix* spp ; P= *Piromyces* ou types similaires à *Piromyces* ; C= *Caecomyces* spp ; S= types similaires à *Sphaeromonas* ; Sp= sporanges et croissance végétative observés dans les fèces ou dans le contenu d'un organe ; Fs= avant de l'estomac ; Ce= caecum ; Fe= fèces.

Certains animaux n'ont pas été mis en évidence par des champignons anaérobies (Orpin et Joblin, 1988), notamment le *Capreolus, le* muntjac indien *(Muntiacus muntjac), le* brochet rouge *(Mazama americana),* hippopotame *(Hippopotamus amphibius),* hippopotame nain *(Choeropsis liberiensis),* panda géant *(Ailuropoda melanoleuca),* sanglier *(Sus scrofa),* lapin d'Europe *(Oryctolagus cuniculatus),* hamster doré *(Mesocricetus auratus), Meriones unguiculatus- Rodentia,* souris domestique *(Mus domesticus),* rat noir *(Rattus norvegicus),* ragondin *(Myocaster coypus),* koala (*Phascolarctos cinereus*), opossum à queue en brosse (*Trichosurus vulpecula*), petit rorqual (*Balaenoptera acutorostrata*) et iguane marin (*Amblyrhynchus cristatus*). Des échantillons prélevés dans le rumen, l'estomac antérieur ou le cæcum ont été examinés pour tous les types, à l'exception de l'hippopotame et du panda pour lesquels seules des matières fécales ont été fournies. Pour détecter les champignons anaérobies, des méthodes de culture ont été utilisées, sauf dans le cas de l'iguane marin et de l'hippopotame, pour lesquels seul du matériel fixe a été fourni. Il est intéressant de mentionner que les ruminants séparés qui manquent de champignons anaérobies sont petits, avec un flux ruminal consécutif élevé et sont des mangeurs sélectifs qui ne mangent que de l'herbe nouvelle ou (le brochet rouge) des noix de palme. Étant donné que le nombre de certains types examinés ou l'échantillon examiné était faible, il est très probable que des champignons anaérobies soient également présents dans certains de ces micro-organismes.

1.4. Transfert de champignons anaérobies entre herbivores

Les mammifères herbivores nouveau-nés sont dépourvus de flore microbienne et ne l'acquièrent qu'au contact d'animaux plus âgés. Des champignons anaérobies ont été trouvés chez les ruminants adultes, mais pas chez de nombreux jeunes animaux nourris au lait (Fonty *et al.,* 1987).

Le léchage des jeunes animaux est considéré comme le moyen le plus important d'inoculer des bactéries et des protozoaires (Becker et Hsuing, 1929 ; Eadie, 1962). Certains types de bactéries ruminales ont été isolés à partir d'échantillons d'air prélevés dans les stalles des vaches et fournissent des informations sur le transfert de ces micro-organismes entre les animaux par le biais d'aérosols, d'aliments ou, le plus souvent, d'eau de boisson (Mann, 1963). Les bactéries du rumen, mais pas les protozoaires du rumen, peuvent être isolés à partir de matières fécales (Orpin, 1966 ; Hobson, 1971), et l'on suppose donc qu'il existe un autre moyen de les transférer. En isolant des champignons anaérobies de la salive et des fèces de moutons, on a conclu que n'importe quel moyen peut entraîner le transfert et le peuplement de jeunes animaux par des champignons anaérobies (Lowe *et al.*, 1987d).

Cependant, les ruminants ne sont pas normalement liés à la coprophagie, de sorte que le transfert de champignons anaérobies avec les fèces n'est pas probable, bien que des contacts soudains avec les fèces, en particulier la contamination des aliments, puissent se produire. Malgré cela, les champignons anaérobies peuvent être dérivés régulièrement des fèces, très probablement des structures de survie. Ces structures pourraient être disséminées à partir des excréments des plantes dans la nature, permettant ainsi le transfert de champignons anaérobies parmi les herbivores.

1.5. Cycle de vie des champignons anaérobies

Le cycle de vie des champignons anaérobies dans l'estomac comprend deux phases : les zoospores mobiles dans le liquide gastrique et le thalle fongique associé à la digestion. Il dure environ 24 à 32 heures *in vitro* et *in vivo*, bien que dans de meilleures conditions, la genèse des zoospores puisse se produire dans les 8 heures suivant la cystose (Orpin, 1977 ; Lowe *et al.*, 1987 ; France *et al.*, 1990 ; Theodorou *et al.*, 1993). Les zoospores peuvent rester dans le liquide stomacal mobile pendant plusieurs heures avant d'atterrir sur des fragments de plantes et de s'enkyster, ou elles peuvent s'enkyster plusieurs minutes après leur libération du zoosporangium (France *et al.*, 1990 ; Lowe *et al.*, 1987). Une réponse hémotoxique au sucre dissous a été démontrée dans les zoospores de *Neocallimastix* sp. et cela pourrait aider à leur localisation dans des fragments de plantes ingérés rapidement (Orpin et Bountiff, 1978). Les zoospores enkystées germent et produisent un thalle fongique qui est montré sur un fragment de plante et consiste en un système rhizoïde avec une (types monocentriques) ou plusieurs (types poycentriques) zoosporanges. Les rhizoïdes peuvent être densément répartis mais peuvent se réduire vers le sommet comme chez *Anaeromyces, Orpinomyces, Neocallimastix, Piromyces* spp. ou ils peuvent consister en un ou plusieurs corps sphériques (supports ou haustoria) comme chez *Caecomyces* spp. (Orpin 1976, 1977b ; Gold *et al.*, 1988). Les preuves suggèrent que la décharge des zoospores induit un hémisphère soluble dans l'eau ou dans d'autres composants qui pénètrent dans l'estomac par le biais de la nourriture (Orpin et Greenwood, 1986).

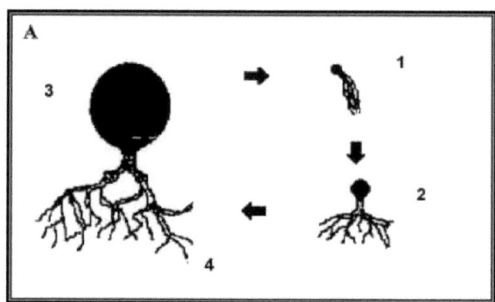

Figure 4. Cycle de vie des champignons anaérobies monocentriques.

1- zoospore ; 2- zoospore en germination ; 3- sporangium ; 4- rhizomycélium végétatif

Le développement fongique monocentrique est décrit comme endogène, lorsque le noyau reste dans la zoospore enkystée qui s'élargit en zoosporange, ou exogène, lorsque le noyau migre à l'extérieur de la zoospore et que la zoosporange se forme en tube germinatif ou sporangiophore (Karling 1978 ; Barr et al., 1989 ; Ho et al., 1993c). Dans les deux types de développement, un zoosporange provient d'un thalle et les noyaux se multiplient dans le zoosporange en cours de développement mais sont absents dans le système rhizoïde (Lowe et al., 1987c). Ainsi, la genèse des zoospores aboutit à la production d'un thalle végétatif anucléaire qui est incapable de se développer. Après l'étude des zoospores chez les champignons anaérobies monocentriques, le reste du thalle s'autolyse et ne se développe plus. (Lowe et al., 1987, 1987b).

Après enkystement, les zoospores des champignons polycentriques créent des rhizoïdes germinatifs dans lesquels les noyaux migrent (Barr et al., 1989 ; Gaillard et al., 1989), de telle sorte que les zoospores sont encore plus inutiles. (Breton et al., 1989). Ensuite, un rhizomycélium nucléaire complètement étalé se développe avec des zoosporanges qui sont formés sur des sporangiophores qui sont soit uniques, soit en groupes de six. Les sporangiphores se développent soit en intercalaire, soit en terminaison des rhizoïdes (Barr et al., 1989 ; Breton et al., 1989 ; Ho et al., 1990). Quand le sporange arrive à maturité, il libère des zoospores qui ont 1-16 flagelles (Breton et al., 1989, 1990 ; Ho et al., 1990). Barr (1983) pense que le développement d'un thalle polycentrique est une étape importante dans l'évolution des chytridiomycètes qui permet la production de nombreux zoosporanges sur le thalle et la capacité de reproduction végétative avec la fragmentation du rhizomycélium. Par rapport aux champignons monocentriques, les polycentriques ont un cycle de vie indéterminé et sont moins dépendants de la formation de zoospores pour leur développement ultérieur.

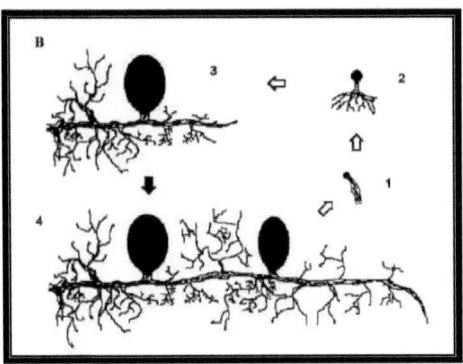

Figure 5. Cycle de vie des champignons anaérobies polycentriques.

1- zoospore ; 2- zoospore en germination ; 3- sporangium ; 4- rhizomycélium végétatif.

Dans les champignons polycentriques, le noyau migre à l'extérieur de la zoospore et entre en mitose dans le rhizomycélium, ce qui entraîne la formation d'un plus grand nombre de zoosporanges (Trinci *et al.*, 1994). Il y a donc un noyau à la fois dans le rhizomycélium et dans le sporange (Trinci *et al.*, 1994). Le zoosporange est formé sur un zoosporangiophore, produit par le rhizomycélium (Barr, 1983). Le sporangiophore se développe à l'intérieur ou à la périphérie du rhizoïde, puis le sporangium mature libère des zoospores qui ont 1 à 16 flagelles (Breton *et al.*, 1989, 1990 ; Ho *et al.*, 1990). Le développement de thalles polycentriques est un facteur important dans l'évolution des chytridiomycètes car le thalle produit de nombreux sporanges et est capable de reproduction végétative avec fragmentation du rhizomycélium. Par conséquent, ils ne dépendent pas de la formation de zoospores pour une rumination continue (Trinci *et al.*, 1994).

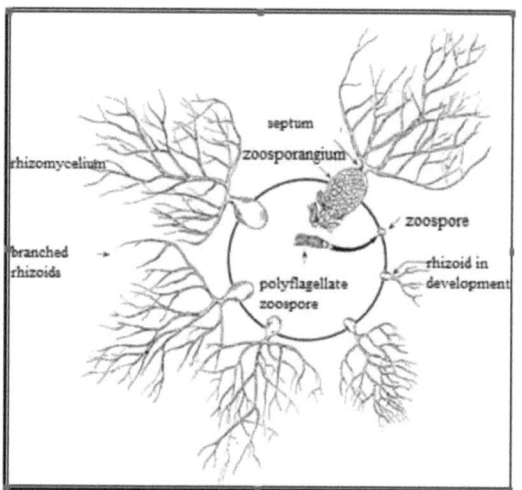

Figure 6.   Diagramme du cycle de vie des champignons anaérobies.

Une phase importante mais moins compréhensible du cycle de vie des champignons est celle où ils ruminent pendant une longue période de séchage et d'exposition à l'oxygène (Lowe *et al.*, 1987b). Les champignons anaérobies produisent des structures ruminantes - kystes ou sporanges résistants - dans les fèces (Theodorou *et al.*, 1996). Cependant, les zoospores et les thalles végétatifs ne survivent pas plus d'un jour dans les conditions prévalant à l'extérieur de l'animal (Orpin, 1981 ; Lowe *et al.*, 1987d ; Milne *et al.*, 1989). Chez les chytrides anaérobies, les structures résistantes sont formées par reproduction sexuelle ou par la formation de zoosporanges résistants ou d'un kyste (Karling, 1978). La nécessité de telles formes chez les champignons n'a pas été affirmée, mais la possibilité de les isoler à partir d'excréments ayant séjourné dans l'air jusqu'à neuf mois nous amène à penser qu'il existe des formes résistantes (Milne *et al.*, 1989 ; Davies, Theodorou et Trinci, 1990 ; Theodorou *et al.*, 1990, 1994 ; Davies *et al.*, 1993). Des formes résistantes ont été isolées chez *Neocallimastix* sp. qui ont des parois mélanisées et contiennent quatre fois plus d'ADN dans le noyau que les zoospores (Trinci *et al.*, 1994).

1.6. Composition chimique des champignons anaérobies

1.7.1. Glucides

Les analyses des champignons anaérobies du rumen indiquent que jusqu'à 40 % de la masse sèche de la paroi cellulaire est constituée de chytine (Orpin, 1977). Chez *N. patriciarum*, ce pourcentage est d'environ 11,8 %, tandis que chez *P. communis, il est de* 7,8 %. Les autres types de *Piromyces* (Phillips et Gordon, 1989) contiennent un niveau élevé de chytine, ce qui indique une diversité parmi les isolats de *Piromyces* des ruminants. La chytine est partiellement digérée dans le rumen (Patton et Chandler, 1975), de sorte que certains résidus de la paroi cellulaire restent dans le rumen, et après la libération des zoospores, ils ne sont pas digérés. La rumination de la paroi cellulaire des champignons du rumen n'a pas encore été étudiée, bien que l'on sache que la digestibilité des champignons du rumen dans le liquide du rumen est élevée (Kemp *et al.*, 1985). Cependant, on sait que d'autres organismes du rumen contiennent de la chytine. L'examen de la chytine en tant que marqueur est utilisé pour mesurer les champignons qui sont liés au digestat, *in vitro,* dans des expériences de fermentation avec des préparations inoculées dans le liquide de rumen (Akin, 1987), et pour mesurer la biomasse fongique dans le rumen (Argyle et Douglas, 1989).

Des hydrates de carbone semblables au glycogène sont également présents dans les zoospores et la croissance végétative de *N. patriciarum* (Munn et *al.*, 1981 ; Munn *et al.*, 1988), *N. frontalis* (Heath *et al.*, 1983), *Piromyces communis* et *Sphaeromonas communis* (Munn et *al.*, 1988). Chez *N. frontalis*, ils occupent 35-40% de la masse sèche (Phillips et Gordon, 1989). Comme tous les champignons anaérobies sont colorés en brun par l'iode, il est très probable qu'ils contiennent tous des polysaccharides semblables au glycogène.

1.7.2. Alcools de sucre

Les polyols acycliques synthétisés à partir de la plus grande partie des *Eumycota* sont significatifs du point de vue taxonomique (Pfyffer *et al.*, 1986 ; Rast et Pfyffer, 1989) et pourraient être utilisés pour confirmer les relations taxonomiques. Les champignons anaérobies *N. patriciarum* et *P. communis* contiennent du glycérol comme unique alcool acyclique (Pfyffer *et al.*, 1990). Ceci est opposé aux autres champignons chytriodiomicètes *Allomyces arbuscula* et *Blastocladia emersonii*, qui contiennent principalement du mannitol et de l'arabitol comme principaux alcools acycliques (Pfyffer et Rast, 1980). Étant donné que les champignons anaérobies s'installent dans des habitats différents, les différences chimiotaxonomiques soutiennent l'installation des types anaérobies dans différents taxons.

1.7.3. Lipides

Les lipides ont été examinés chez *P. communis, N. patriciarum* et *N. frontalis* (Kemp *et al.*, 1984 ; Body et Bauchop, 1985). Le contraste lipidique de ces trois types est similaire en de nombreux points. Les phospholipides les plus importants sont la phosphatidyléthanolamine, les phosphatidylcholines et le phosphatidylinositol. Les sphingolipides, les glycolipides, les plasmalogènes et les phosphoryllipides semblent absents. La synthèse des lipides à longue chaîne commence par le glycose et l'acétate (Kemp *et al.*, 1984). En outre, les acides gras à chaîne courte et longue d'un milieu peuvent être incorporés dans des lipides complexes.

Le type d'acide gras reflète les conditions de croissance anaérobie. Par exemple, les acides polyéniques n'ont pas été détectés. Ils ont besoin d'oxygène pour être synthétisés et sont souvent présents dans les champignons anaérobies. Le niveau élevé d'acides mono-énoïques avec des chaînes longues jusqu'à S24 a été détecté dans les trois types. Le plus commun est l'acide oléique (18:1 *cis),* qui représente 70% du total des acides gras *n-insaturés* chez *N. patriciarum.* Il a été prouvé que l'oléate se synthétise avec l'allongement de la chaîne des acides saturés jusqu'au stéarate, qui se désature ensuite en oléate. Cette réaction indique une désaturation indépendante de l'oxygène, car l'exclusion de l'oxygène du système entraîne la désaturation du stéarate. En outre, rien n'indique la présence de cytochromes, nécessaires si l'oxygène était un récepteur terminal.

Les fractions lipidiques neutres de *P. communis* et *N. patriciarum* contiennent du squalène et un triterpénoïde, le tétrahymanol (Kemp *et al.,* 1984). Les stérols n'ont pas été détectés et on suppose que la place des stérols dans les membranes souscellulaires de ces parois a été remplacée par le squalène et le tétrahymanol. En l'absence d'oxygène, il est peu probable qu'il y ait une synthèse du stérol puisque l'oxygène est nécessaire à la cyclisation du squalène dans les organismes anaérobies (Tchen et Bloch, 1957). La nystatine et l'amphotéricine V, des antibiotiques populaires qui inhibent la synthèse des stérols, ne sont pas efficaces dans l'inhibition de *N. hurleyensis* (Lowe *et al.,* 1987), ce qui ne fait que confirmer que la synthèse des stérols dans ces champignons n'existe probablement pas.

1.7.4. Teneur en acides aminés et protéines

La teneur en protéines de *Neocallimastix* spp. et *Piromonas communis* est élevée, environ 25 à 30 % de la masse sèche (Kemp *et al.*, 1985 ; Gulati *et al.*, 1989), avec une teneur en acides aminés similaire à celle de la caséine (Kemp *et al.*, 1985), ce qui indique que ces champignons pourraient contribuer de manière significative à l'apport d'acides aminés aux animaux.

La rumination de certains champignons du rumen à l'extérieur de l'animal indique que soit un état résistant à la digestion a été développé, soit que les champignons peuvent tolérer une digestion partielle et rester en vie. D'autre part, l'examen microscopique du contenu rouge ne révèle pas de zoospores en mouvement dans aucune des parties du système, sauf dans le rumen.

Par rapport aux ruminants, chez les fermenteurs de l'intestin postérieur, on a remarqué qu'il n'y avait pas de croissance végétative dans les fèces (Orpin, 1961 ; Gold *et al.*, 1988).

Les champignons du rumen *Neocallimastix* spp. peuvent absorber et incorporer la lysine, la tyrosine et la méthionine sous forme inchangée dans les protéines cellulaires (Gulati *et al.*, 1989). L'ajout d'acides aminés sur un milieu minimal défini, qui est utilisé pour la croissance de *N. patriciarum*, entraîne un élargissement (Orpin et Greenwood, 1986). D'autre part, des expériences ont été réalisées lorsque le milieu ne contenait que des ions amonium et de la L-cystéine, et la croissance des types a été évidente. Cela suggère que tous les acides aminés cellulaires pourraient être synthétisés à partir de ces deux composés.

1.7. Métabolisme

Les champignons anaérobies, dont trois types sont obtenus sous la forme d'une culture pure *(Neocallimastix* spp., *Sphaeromonas* spp. et *Piromyces* spp, (Orpin, 1977) constituent une population ubiquiste de champignons qui habitent le rumen des ruminants sauvages et domestiques, y compris les vaches, les moutons et les cerfs (Orpin, 1975 ; Orpin *et al.*, 1985), et l'intestin postérieur d'autres grands herbivores, y compris les chevaux, les éléphants et les rhinocéros (Orpin, 1981b ; Orpin, 1988 ; Bauchop, 1983). Ces champignons ont un cycle de vie qui consiste en une phase de zoospores flagellés mobiles et une phase de reproduction végétative statique. Bien qu'elles ne possèdent pas de mitochondries, les *Neocalimasticaceae* ont des hydrogénosomes et des structures similaires aux lysosomes (Yarlett *et al.*, 1986b). Une telle organisation cellulaire, caractérisée par l'absence de mitochondries et un métabolisme basé sur la fermentation, est présente chez certains protozoaires aérotolérants et anaérobies, y compris les trichomonades et les ciliés du rumen (Lindmark et Muller, 1973 ; Yarlett *et al.*,

1981).

La décarboxylation oxydative du pyruvate est la principale réaction du métabolisme intermédiaire. Les micro-organismes aérobies exploitent l'énergie fortement réductrice du pyruvate pour réduire les porteurs électroniques à faible potentiel en formant des liaisons tio riches en énergie entre la coensime A et le pyruvate décarboxylé. En aérobie, ce processus est catalysé par le complexe pyruvate déshydrogénase, qui utilise le nicotinamideadénine dinucléotide (NAD) comme accepteur d'électrons et répond aux exigences du métabolisme respiratoire, c'est-à-dire le transfert unidirectionnel d'électrons au NAD+, le donneur ultime de la phosphorylation oxydative. Dans des conditions anaérobies, le NAD^+ réagit comme un filtre électronique avec une capacité limitée et un potentiel redox inadéquat pour une élimination facile des équivalents redox avec la réaction de l'hydrogénase (Kerscher et Oesterhelt, 1982).

Au cours de la fermentation anaérobie, des produits de stades d'oxydation plus ou moins élevés sont formés par rapport au substrat (Gottschalk, 1985). Les champignons anaérobies ainsi que de nombreuses bactéries du rumen et entériques participent à la fermentation acide mixte, convertissant les hexoses et les pentoses en formiate, acétate, lactate, éthanol, CO_2 et H_2 (Bauchop et Mountfort, 1981 ; Lowe *et al.*, 1987b). La relation des produits finaux

dépend du type et des conditions de croissance. Par exemple, *Neocallimastix patriciarum* produit du formiate et de l'éthanol à l'état de traces (Orpin, 1978 ; Orpin et Munn, 1986), alors que *N. frontalis* produit du formiate et de l'éthanol comme principaux produits finaux de fermentation (Bauchop et Mountfort, 1981). La présence des principales enzymes glucolytiques, ainsi que l'absence de glucose-6-phosphate déshydrogénase et la distribution de [^{14}C] dans les études avec isotopes suggèrent que le glucose est le seul mécanisme du métabolisme du glucose chez *N. patriciarum* (Orpin, 1988; Yarlett *et al.*, 1986b), *N. frontalis* EB188 (O'Fallon *et al.*, 1991), et généralement avec tous les champignons anaérobies.

Le pyruvate, formé lors de la glycolyse, est converti en acétate, lactate et éthanol, les principaux produits finaux (Yarlett *et al.*, 1986b ; O'Fallon *et al.*, 1991). La formation d'acétate est localisée dans les hydrogénosomes, qui fonctionnent comme des organites d'oxydoréduction. Le substrat précurseur de ces organites est le malate du cytosol qui est formé à partir de l'oxaloacétate par la malate déshydrogénase. (Yarlett *et al.*, 1986b ; O'Fallon *et al.*, 1991). L'oxaloacétate pourrait se former par l'activité de la phosphoénolpyruvate carboxykinase qui entraîne une conservation énergétiquement favorisée des liaisons phosphate hautement énergétiques dans la forme du nucléoside triphosphate (Yarlett et al., 1986b). La pyruvate carboxykinase est également responsable de la formation d'oxaloacétate chez *N. frontalis* EB188 (O'Fallon et al., 1991) ; quoi qu'il en soit, cette réaction entraîne une dépense d'énergie. L'absence de phosphoénolpyruvate carboxykinase chez *N. frontalis* EB188 pourrait indiquer qu'il existe des différences subtiles entre les types. Cependant, dans d'autres types de *N. frontalis*, il y a de la phosphoénolpyruvate carboxykinase (Reymond et al., 1991). La décarbokinase du malate dans les hydrogénosomes capture efficacement le substrat qui empêche le puryvate de l'hydrogénosome d'émerger librement et de se transformer en citosole pyruvate. En outre, O'Fallon et al. (1991) affirment que si cela se produit, le cycle sera inutile et gaspillé. Le chemin suggéré du métabolisme du glucose indique que le phosphoénolpyruvate est le point qui détermine le destin des produits finaux formés.

Figure 7. Transformation métabolique du glucose en acétate, lactate et éthanol, par *N. patriciarum*. Les lignes brisées indiquent les réactions supprimées par la croissance à des concentrations élevées de **CO2**.

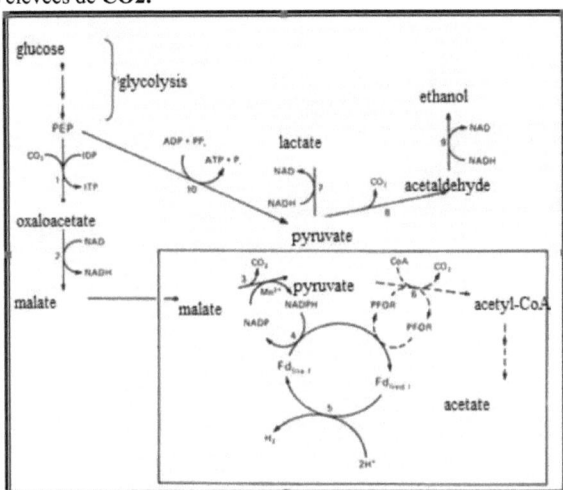

    1- phosphoénolpyruvate carboxykinase
    2- malate déshydrogénase
    3- "enzyme "malique
    4- NADPH : ferredoxine oxydoréductase
    5- hydrogénase
    6- pyruvate : ferredoxine oxydoréductase
    7- lactate déshydrogénase
    8- pyruvate décarboxylase

9- alcool dexydrogénase
10- pyruvate kinase
PEP- phosphoénolpyruvate

PFOR- pyruvate : ferredoxine oxydoréductase

Fd- ferredoxine

Chez plusieurs types de protozoaires, par exemple les trichomonades et les ciliés du rumen, les équivalents réducteurs générés pendant la fermentation sont éliminés sous forme d'hydrogène moléculaire (Lindmark et Muller, 1973 ; Yarlett *et al.*, 1981). Chez d'autres protozoaires, par exemple *Giardia lamblia* et *Entamoeba histolytica*, l'hydrogénase est absente et dans ces anaérobies, les équivalents réducteurs proviennent de la réduction de l'acétaldéhyde en éthanol aidée par l'alcool déshydrogénase du cytosol (Lo et Reeves, 1978 ; Lindmark, 1980).

1.8.1. Localisation des enzymes de fermentation

Comme pour d'autres micro-organismes, la formation d'hydrogène et d'acétate chez *N. patriciarum* a été localisée dans les hydrogénosomes. Ces organites ont une matrice granulaire fine et n'ont pas de sous-structures internes individuelles (Yarlett *et al.*, 1986b). Les hydrogénozomes de *Neocallimastix* ont très probablement une membrane unique et leur diamètre est d'environ 0,5-1,0 μm (Yarlett *et al.*, 1986b ; Munn *et al.*, 1981 ; Heath *et al.*, 1983). Des organites semblables à des microcorps ont été observés chez *N. frontalis* et *Neocallimastix* sp. R1 (Munn *et al.*, 1981 ; Heath *et al.*, 1983 ; Webb et Theodorou, 1988). Les hydrogénozomes des microphotographies électroniques de coupes minces de zoospores mobiles de *Neocallimastix* ont l'air d'avoir été ramassés à côté de l'appareil flagellaire et sont étroitement associés aux cinétosomes (Heath *et al.*, 1983 ; Webb et Theodorou, 1988). Dans certains cas, l'association est si similaire que les hydrogénosomes ont été attirés par les cinétosomes en interaction avec les microtubules (Heath *et al.*, 1983). Comme l'ont indiqué Heath *et al.* (1983), les chytridiomycètes ramassent généralement leurs mitochondries autour du kinétoplaste afin d'augmenter l'efficacité du transfert d'énergie à partir du lieu de formation de l'ATP (Heath, 1976). Les hydrogénosomes des trichomonades sont localisés près de la structure flagellaire, ce qui a donné lieu à la description originale de ces organites en tant que granules paraxostylaires ou paracostaux (Brugerolle, 1972) ; les hydrogénosomes des ciliés du rumen sont concentrés sur le côté interne de la ceinture de fibrose qui sépare l'endoplasme et l'ectoplasme, près de l'appareil flagellaire (Yarlett *et al.*, 1981 ; Yarlett *et al.*, 1983). A partir de là, la localisation intracellulaire des organites semble être cohérente entre les différents organismes taxonomiques qui possèdent des hydrogénosomes, ce qui renforce l'hypothèse que les hydrogénosomes pourraient avoir ce rôle de fournir de l'énergie pour le mouvement cellulaire (Yarlett *et al.*, 1986b ; Yarlett *et al.*, 1981 ; Heath *et al.*, 1983). D'autres similitudes avec les hydrogénosomes de protozoaires sont les régions internes de plus grande densité et la présence d'une protubérance par certains d'entre eux, ce qui leur donne un aspect d'haltère (Yarlett *et al.*, 1986b ; Heath *et al.*, 1983).

Les enzymes des hydrogénosomes produisent de l'acétyl-CoA et de l'hydrogène par décarboxylation séquentielle du malate (figure 8). Ceci est réalisé par l'enzyme "malate" et la puryvate : ferredoxine oxydoréductase et la nécessité de réduire la protéine acceptrice d'électrons à faible potentiel redox (ferredoxine ou flavodoxine). Les nucléotides pyridiniques ne peuvent pas servir d'accepteurs primaires d'électrons pour cette classe d'enzymes. Les hydrogénases interviennent dans la réoxydation du porteur d'électrons, ce qui entraîne la formation d'hydrogène. La coenzyme A est libérée de l'acétyl-CoA, formant de l'acétate et conservant finalement l'énergie des liaisons thioesters par transfert de thiol avec l'ATP ou par formation de GTP comme dans le cas des trichomonades (Lindmark et Muller, 1973) et des ciliés du rumen (Yarlett *et al.*, 1981). Quoi qu'il en soit, la production d'énergie par ce mécanisme reste encore à découvrir.

explorée et démontrée chez les chytridiomycètes du rumen.

1.9. Rumination des champignons anaérobies

Les preuves recueillies dans les années 70 du siècle dernier laissent peu de place au doute quant à l'existence et à la participation de champignons anaérobies dans le tube digestif des ruminants et d'autres grands mammifères herbivores. Ces micro-organismes sont adaptés à la vie dans le rumen. Ils ont un métabolisme mixte-acide de fermentation et possèdent des hydrogénosomes similaires à ceux que l'on trouve chez les protozoaires anaérobies (Theodorou *et al.*, 1988 ; Yarlett *et al.*, 1987). Les champignons anaérobies sont des micro-organismes hautement fibrolytiques qui produisent une large gamme d'enzymes cellulolytiques et hémicellulolytiques endo et exoglucolytiques (Lowe *et al.*, 1987c.) ;

Williams et Orpin, 1987a ; Williams et Orpin, 1987b). Ces enzymes sont capables de digérer des glucides structurels plus importants provenant des parois cellulaires des plantes et permettent aux champignons de se développer sur de nombreux polysaccharides végétaux (Lowe *et al.*, 1987c ; Theodorou *et al.*, 1989). Bien que l'étendue de leur activité chez les ruminants ne soit pas encore déterminée, on sait généralement que les champignons anaérobies contribuent, avec les bactéries anaérobies et les protozoaires, à la décomposition de la biomasse végétale dans le rumen. Lorsque les ruminants sont nourris avec des aliments fibreux, des parties importantes des fragments végétaux qui pénètrent dans le rumen sont rapidement et intensément colonisées par des champignons anaérobies (Bauchop, 1979a ; Bauchop, 1979b). Par conséquent, les champignons anaérobies participent à la colonisation initiale des parois cellulaires des plantes et contribuent en outre à la cellulolyse ruminale en augmentant l'accessibilité de la biomasse végétale pour l'invasion par d'autres micro-organismes (Theodorou *et al.*, 1989, Akin *et al.*, 1990).

Le plus grand nombre de types de champignons anaérobies étudiés de manière intensive (types de *Neocallimastix, Piromyces* et *Caecomyces*) proviennent du rumen, mais des champignons similaires peuvent également être trouvés dans les fèces des ruminants (tableau 4). Leur présence dans les fèces suggère qu'ils sont des membres constants de la microflore intestinale de nombreux mammifères herbivores (tableau 4), alors que les données les concernant dans d'autres habitats, à l'exception du rumen, sont limitées.

Tableau 4.   Répartition des champignons anaérobies chez les mammifères herbivores.

Animal		Anaerobic fungi
common ime	latin name	isolated (or observed)
African Bush elephant	*Loxodonta africana*	Feces
Asian elephant	*Elephas maximus*	Feces
Arabian oryx	*Oryx leucoryx*	Feces
Camel	*Camelus bactrianus*	Feces
Blue duiker	*Cephalophus monticola*	rumen, caecum

Bongo	*Taurotragus euryceros*	Feces
Water deer	*Hydropotes inermis*	Feces
Plains zebra	*Equus burchelli*	Feces
Bos	*Bos* spp.	Digestive system, feces
Capra	*Capra* spp.	rumen, feces
Sheep	*Ovis* spp.	Digestive system, feces
Gaur	*Bos gaurus*	Feces
Greater kudu	*Tragelaphus strepsiceros*	Feces
Eastern Gray kangaroo	*Macropus giganticus*	Front stomach
Horse	*Equus cabalus*	feces, caecum
Impala	*Aeryceros melampus*	Rumen
Indian rhinoceros	*Rhinoceros unicornis*	Feces
Llama	*Lama glama*	Feces
Guanaco	*Lama guanicoe*	Feces
Alpaca	*Lama pacos*	Feces
Patagonian mara	*Dolichotis patagonum*	Feces
Musk ox	*Ovibos moschatus*	Rumen
Red deer	*Cervus elaphus*	Rumen
Red-necked wallaby	*Macropus rufogriseus*	(Front stomach)
Reindeer	*Rangifer tarandus*	Rumen
Black rhinoceros	*Diceros bicornis*	Feces
Roan antelope	Hippotragus equinus	Feces
Swamp wallaby	*Wallabia bicolor*	(Front stomach)
Vicugna	*Vicugna vicugna*	Feces
Common wallaroo	*Macropus robustus*	(Front stomach)
Water buffalo	*Bubalus bubalis*	Rumen

Les références suivantes ont été utilisées dans le tableau : Bauchop, 1979a ; Bauchop, 1979b ; Bauchop, 1983 ; Milne *et al,* 1989 ; Lowe *et al,* 1987d ; Davies *et al,* 1993 ; Theodorou *et al,* 1990 ; Davies *et al,* 1990 ; Teunissen *et al,* 1991 ; Gold *et al,* 1988 ; Orpin, 1981b ; Ho *et al,* 1988a ; Orpin, 1981a ; Dehority et Varga, 1991.

Chez les chytrides aérobies, les structures résistantes se forment lors de la reproduction ou par la formation de zoosporanges ou de kystes résistants (Karling, 1978). Cependant, l'apparition de ces structures chez les champignons anaérobies n'a pas été confirmée, bien que la capacité d'isoler des champignons anaérobies à partir d'excréments séchés à l'air et à partir de ruminants et d'herbivores monogastriques indique qu'ils existent très probablement (Milne *et al.,* 1989 ; Theodorou *et al.,* 1990, 1994 ; Davies *et al.,* 1993). Après la dessiccation, la population de champignons anaérobies dans les fèces diminue lentement et l'isolement des champignons anaérobies peut être effectué jusqu'à 10 mois après le début de la dessiccation (Milne *et al.*, 1989 ; Theodorou *et al.*, 1990). Des champignons anaérobies ont également été isolés en Ethiopie à partir d'excréments de chèvres et de moutons séchés au soleil (Milne *et al.*, 1989).

De cette manière, les champignons anaérobies semblent pouvoir traverser l'ensemble du tube digestif des ruminants et être finalement évacués avec les fèces ; et il est vrai que Davies *et al.* (1993) ont isolé des champignons anaérobies dans toutes les parties du tube digestif de la bouillie. Davies *et al. (1993) ont* isolé une population significative de champignons anaérobies dans le digest sec de plusieurs organes du tube digestif, y compris l'omasum et la caillette, mais pas dans le rumen. Pour expliquer ces observations, Davies *et al.* (1993) suggèrent que le cycle de vie généralement accepté des champignons anaérobies pourrait alterner afin que le degré de développement résistant soit inclus (kyste ou zoosporangium). D'autre part, Rezaeian *et al.* dans leur étude de 2004 supposent que les zoospores et les thalles végétatifs ne ruminent pas plus de 4 heures dans un environnement anaérobie, de sorte que le développement fongique qui apparaît dans les fèces collectées après une exposition plus longue à l'oxygène, provient très probablement des structures de rumination qui apparaissent en dehors du rumen (Brookman *et al.*, 2000a).

1.9. Enzymes intervenant dans la dégradation des polysaccharides

Selon certains chercheurs, les champignons anaérobies jouent un rôle important dans la colonisation initiale des fibres dans le rumen (Joblin *et al.*, 2002 ; Lee *et al.*, 2000). Ils produisent une large gamme d'enzymes qui permettent la dégradation de la biomasse végétale. On y trouve des célulases (Lowe *et al.*, 1987c ; Barichievich et Calza, 1990a ; Teunissen *et al.*, 1993), des hémicellulases (Lowe *et al.*, 1987c ; Mountfort et Asher 1989), y compris des xylanases (Teunissen *et al...*, 1993), la glucosidase et la xylosidase (Hébraud et Fèvre, 1988, 1990 ; Calza, 1991a ; Garcia-Campayo et Wood, 1993 ; Teunissen *et al*, 1994), différentes disacharidases (Hébraud et Fèvre, 1988), pectinase (Gordon et Phillips, 1992), feruloyl et *r-coumaroyl* estérases (Borneman *et al.*, 1990, 1991, 1992), amylases et amyloglucosidases (Mountfort et Asher, 1988 ; Pearce et Bauchop, 1985), et protéase (Wallace et Joblin, 1985 ; Asoa *et al.*, 1993 ; Michel *et al.*, 1993). La plupart des données biochimiques concernant les enzymes des champignons anaérobies indiquent qu'elles ont été obtenues en utilisant des extraits bruts de filtrats de cultures, et il a également été publié que les thalles et les zoospores produisent tout ou partie de ces enzymes (Williams et Orpin,

1987a/b). Récemment, certaines enzymes extracellulaires - ^-*xylosidase* (Hébraud et Fèvre, 1990), xylanases (Teunissen *et al.,* 1993), ^-*glucosidase* (Hébraud et Fèvre, 1990 ; Calza, 1991a ; Li et Calza, 1991 ; Teunissen *et al,* 1993 ; Chen *et al.,* 1994) et les *r-coumaroyl* et feruloyl estérases (Borneman *et al.,* 1991, 1992) - ont été nettoyés et caractérisés.

1.10. Utilisation du substrat

Les champignons anaérobies présents dans le rumen colonisent différentes plantes cultivées, notamment la paille de blé, la paille de riz, le maïs, les flocons de soja et les graminées tropicales modérées (Akin *et al.,* 1983) ;

Lowe *et al.,* 1987d ; Grenet et Barry, 1988 ; Akin *et al.,* 1990 ; Ho *et al.,* 1991 ; Roger *et al.,* 1992). Ils peuvent même coloniser des matières végétales très peu digestibles comme les fibres extrudées d'un palmier et d'un arbre (Joblin et Naylor, 1989 ; Ho *et al.,* 1991).

La cellulose est utilisée par un plus grand nombre de genres de champignons anaérobies, bien que *Caecomyces* spp. ne semble pas décomposer ce polymère (Hébraud et Fèvre, 1988 ; Phillips et Gordon, 1988). Le xylane, principal composant hémicellulase des parois cellulaires des plantes graminées, est également utilisé immédiatement par les champignons anaérobies. Bien qu'Orpin (1983/84) ait montré que 20-40% de la pectine de la paille de blé étaient dégradés (solubilisés) au cours du développement fongique, la pectine et les produits dérivés de la décomposition de la pectine ne fermentent pas avec les champignons anaérobies (Phillips et Gordon, 1988). Quoi qu'il en soit, plusieurs isolats de champignons anaérobies provenant d'herbivores d'Australie et de Malaisie se développent sur la pectine de pomme comme seule source de carbone, et certains d'entre eux se développent également sur le polygalactouronate (Lawrence, 1993). Aucun des champignons anaérobies monocentriques n'utilise l'arabinose et un seul isolat utilise le galactose. Ces inventions sont surprenantes car l'arabinose et le galactose sont des composants mutuels des parois cellulaires des plantes et sont libérés lors de leur hydrolyse (Theodorou *et al.,* 1989). En outre, les voies de leur dégradation par d'autres micro-organismes sont déjà connues (Gottschalk, 1985).

L'utilisation des monosaccharides par les champignons anaérobies se limite principalement au glucose, au fructose et au xylose, avec une explication possible pour *N. patriciarum,* qui peut également utiliser le galactose en croissance (Orpin et Letcher, 1979 ; Phillips et Gordon, 1988). Les disaccharides cellobiose, gentiobiose, lactose et maltose sont utilisés par la plupart des champignons anaérobies, bien que certains puissent également utiliser le saccharose et le raffinose trisaccaharide.

1.11. Structure de la cellulose et système enzymatique cellulolytique

1.11.1. Structure de la cellulose

Les plantes synthétisent environ $4*10^9$ tonnes de cellulose par an (Coughlan, 1990), mais cette matière n'est pas accumulée car les champignons et les bactéries dégradent efficacement la biomasse végétale pour se fournir en énergie et en carbone, en recyclant le carbone dans l'écosystème. La biosynthèse de la cellulose ne se limite pas aux plantes. Le polymère est également créé à partir d'algues, de certaines bactéries, d'invertébrés marins, de champignons, de champignons des muqueuses et d'amibes (Richmond, 1991).

La cellulose est un polymère linéaire composé d'environ 14 000 résidus ß-1, 4-glucosyl. Chaque résidu tourne de 180° autour de l'axe principal par rapport au résidu adjacent, ce qui donne une configuration linéaire, la cellobiose étant l'unité de répétition de base (Clarke, 1997 ; Fibersource, 2005).

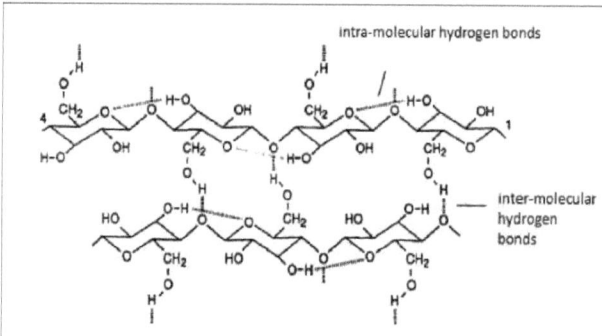

Figure 8. Structure de la cellulose. Les molécules de glucose sont liées de manière covalente par des liaisons ß-1, 4- glucosidiques.
et tournent de 180° par rapport à leurs voisins dans la chaîne polymère. Les liaisons hydrogène intermoléculaires relient étroitement les chaînes adjacentes au sein d'une microfibrille.

Les chaînes de cellulose parallèles s'associent en microfibrilles insolubles par liaison hydrogène. Le réseau de liaisons hydrogène est constitué de liaisons inter- et intramoléculaires entre les résidus de glucose successifs et voisins (Gardner et Blackwell, 1974 ; Rees *et al.,* 1982 ; Winterburn, 1974). La plus grande partie de la cellulose est produite en tant que composant des parois cellulaires des plantes qui sont souvent décrites comme un mélange de microfibrilles de cellulose intégrées dans la matrice amorphe (Preston, 1974). Les microfibrilles jouent un rôle structurel dans la paroi cellulaire en lui conférant sa solidité et en lui donnant son volume et sa forme ( ) (McNeil *et al.*, 1984 ; Rees *et al.*, 1982).

Figure 9.   Organisation de la structure de la cellulose.

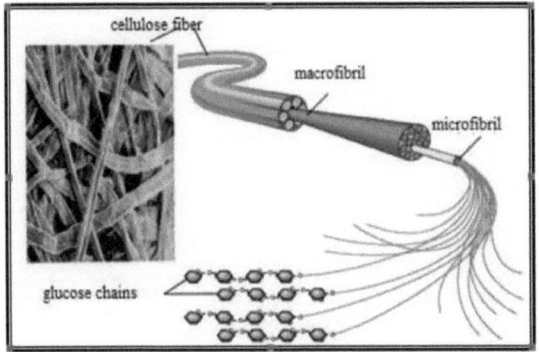

Les microfibrilles de cellulose ne sont pas uniformément cristallines ; il se produit souvent des imperfections dans l'empaquetage ou des dommages mécaniques. La matrice est constituée d'hémicelluloses associées à des pectines et à des protéines dans la paroi cellulaire végétale primaire, et à de la lignine dans la paroi cellulaire végétale secondaire. (Tomme *et al.*, 1995). La lignine est un polymère hautement moléculaire et massif d'unités phénylpropane, reliées par différentes liaisons chimiques complexes (Kirk, 1971). Les liaisons covalentes entre la lignine et les hydrates de carbone, notamment les liaisons ester ou les liaisons avec l'hémicellulose, sont bien étudiées (Jeffries, 1990), tandis que les liaisons covalentes avec la cellulose sont beaucoup moins sûres. Le xylane est le principal hémicellulose des angiospermes, alors qu'il est moins présent dans les gymnospermes (Whistler et Richards, 1970). L'acétylxylane des arbres fermes et l'arabinoxylane des arbres tendres sont les deux principales formes de xylane dans les arbres (Timell, 1967). En raison de la forme complexe de la cellulose dans la nature, les micro-organismes responsables de sa dégradation produisent généralement un groupe d'hydrolases de polysaccharides, telles que les xylanases, les estérases et les mannanases, parfois avec des enzymes responsables de la dégradation de la lignine, en complément des enzymes qui hydrolysent les liaisons ß-1, 4-glucose dans la cellulose. La cristallinité du matériau natif et son association avec la lignine sont les principaux facteurs qui s'opposent à l'hydrolyse enzymatique de la cellulose.

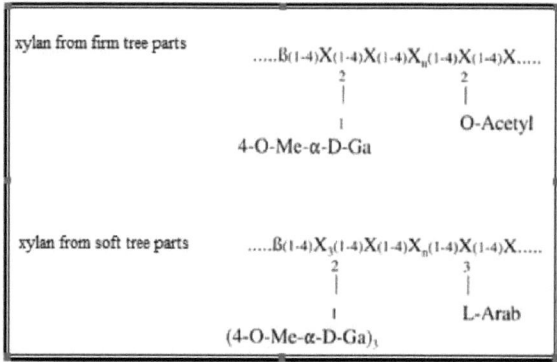

Figure 10. Structures représentatives de l'hémicellulose de feuillus et de résineux contenant du xylane. X est l'unité ß-1, 4-D-xylopyranose, Arab est l'arabinose et 4-O-Me-a-D-GA est l'acide 4-O- méthyl-a-D-Glucuronique.

1.12.2. Enzymes cellulolytiques chez les champignons anaérobies

Au cours de leur croissance, les champignons anaérobies sécrètent dans le milieu toutes les enzymes cellulolytiques nécessaires à une dégradation complète de la cellulose (endoglucanases, exoglucanases et ß-glucosidase (Trinci *et al.*, 1994)).

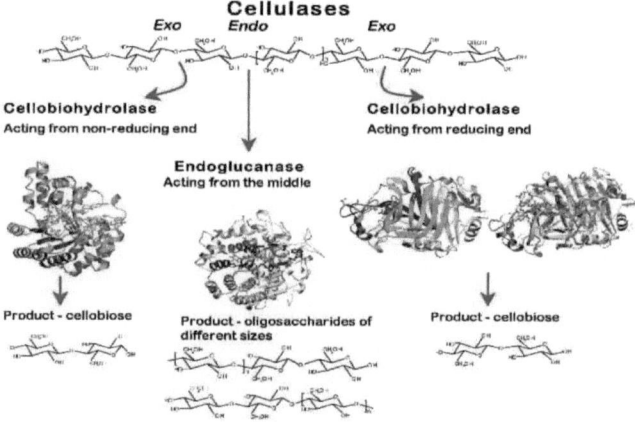

Figure 11. Enzymes actives sur la cellulose (Ubhayasekera, 2005). La dégradation efficace de la cellulose par les microbes est obtenue de deux manières principales (Boisset *et al.*, 2000). La production d'une "soupe" d'enzymes différentes pouvant agir en synergie est une première méthode. Ces différentes enzymes peuvent avoir une expression différentielle en fonction du

substrat. La deuxième méthode est l'activité des cellulosomes. Dans cette approche, différentes enzymes sont associées en un complexe (le cellulosome) pour une dégradation rapide de la cellulose.

Neocallimastix spp. est le genre le plus étudié du groupe des champignons anaérobies. Des études comparatives montrent que les enzymes sécrétées par *N. frontalis* ont une plus grande capacité de digestion de la cellulose cristalline que les cellulases de *Trichoderma reesei* (Wood *et al.*, 1980 ; Wood et Wilson, 1995). Le filtrat de *Neocallimastix frontalis* (Wood *et al.*, 1988) et de *Piromyces* sp. (Teunissen *et al.*, 1992) contient des enzymes cellulolytiques qui pourraient être présentes dans le complexe multicomposant sous forme d'enzymes libres. La masse moléculaire de ces complexes est de 670 et 1200 kDa, respectivement pour *N. frontalis* et *Piromyces* sp. type E2. Pour *N. frontalis,* on remarque que le contenu du milieu influence la quantité relative de protéines qui sont associées au complexe multicomposant. Ainsi, en milieu défini, 35 % de la quantité totale d'enzymes produites par le champignon anaérobie se trouvent dans le complexe multicomposant. Dans un milieu qui contient du liquide de rumen (milieu non défini), seulement 7 % de la quantité totale d'enzymes se trouvent dans ce complexe.

Jusqu'à présent, les ß-glucosidases sont les seules enzymes cellulolytiques qui sont extraites d'un filtrat provenant d'une culture de champignons anaérobies : deux provenant de *N. frontalis* (Li et Calza, 1991 ; Hébraud et Fèvre, 1990) et une provenant de *Piromyces* sp. type E2 (Teunissen *et al.*, 1992). Des techniques moléculaires ont permis de cloner certains gènes codant les cellulases de *N. patriciarum* (Xue *et al.*, 1992a ; Xue *et al.*, 1992b ; Zhou *et al.*, 1994). Bien que les cellulases clonées (par exemple CelD) de ce champignon aient renforcé leur capacité à se lier à la cellulose, il reste à déterminer si ces enzymes contiennent des CBD discrets (Xue *et al.,* 1992a). En outre, *celA*, qui code la celobiohydrolase, est caractérisée, ce qui a permis de déterminer que la structure primaire de la protéine (CelA) présente une homologie de séquence importante avec la celobiohydrolase II (CBHII) de *T. reesei* (Denman *et al.*, 1996).

1.12.3. Utilisation potentielle des enzymes (hémi) cellulolytiques des champignons anaérobies

La bioconversion extensive de la lignocellulose n'est pas rentable actuellement en raison du prix élevé du prétraitement des substrats et de la production d'enzymes (Saddler, 1993). Le prétraitement (mécanique, chimique, biologique et thermique) améliore l'accessibilité des résidus de bois aux cellulases en éliminant la lignine et l'hémicellulose et en arrêtant partiellement la structure des fibres. L'hydrolyse en sucres fermentescibles nécessite une grande quantité d'enzymes, car les cellulases ont un faible taux de renouvellement et sont très sensibles à l'inhibition du produit. Le recyclage des enzymes pourrait contribuer à réduire les coûts de production. Les utilisations possibles des enzymes extracellulaires des champignons anaérobies sont présentées dans le tableau 5.

Les enzymes qui hydrolysent les parois cellulaires peuvent être utilisées pour l'hydrolyse partielle des parois cellulaires des graines contenant de l'huile, afin d'améliorer la procédure d'extraction à froid (Geertman, 1992), pour la production de jus à partir de matériel végétal (Woodward, 1984) et pour nettoyer le jus des particules de la pulpe (Biely, 1985). En outre, les enzymes peuvent améliorer la valeur nutritionnelle du fourrage (Gilbert et Hazlewood, 1991), réhydrater les légumes secs (Mandels, 1986) ou améliorer les caractéristiques des fibres du coton pour la production de vêtements (Mora et al., 1986). Les xylanases peuvent contribuer à l'élimination de la lignine lors de la production de pâte à papier (Paice et al., 1988), réduisant ainsi le besoin de blanchiment au chlore (Wong et Saddler, 1992).

Tableau 5. Applications potentielles des enzymes cellulolytiques et xylanolytiques des champignons anaérobies.

Removal of cellwalls, rough fibers
• Improving the cold extraction from seeds which contain oil
• Production of juices from plants and fruit
• Cleansing of fruit juices
• Improving the rehydrability of dried vegetables e.g. in soups
• Improving the fibers' features
• Discharge of the cell content for producing aromas, enzymes, polysaccharides, proteins from seeds and leaves
• Production of protoplasts for genetic engineering of higher plants
• Improving the quality of food for non-herbivores; discharge of sugars from fibrose food
• Forage for production of glue, adhesives and chemicals (e.g. ethanol)
• Source of sweeteners production (fructose from glucose, xylitol from xylose)
• Preparation of dextrans as thickeners of food
Special usage of xylanases
• Biomixture and biobleaching of a pulp during paper production
Production of lignin
• Source of adhesive and resin production

2 CHAMPIGNONS ANAÉROBIES EN REPUBLIQUE DE MACEDOINE

2.1. Source d'organismes

Les champignons anaérobies du rumen sont un groupe d'organismes inhabituels qui appartiennent aux Chytridiomycetes, à la famille des *Neocalimastigaceae* (http://www.indexfungorum.org) (Nicholson *et al.*, 2005). Au sein de cette famille, il existe six genres, *Neocallimastix, Piromyces, Orpinomyces, Anaeromyces, Caecomyces* et *Cyllamyces* (Ozkose *et al.*, 2001).

Des champignons anaérobies ont été isolés du contenu du rumen et des fèces de plusieurs mammifères herbivores domestiques et sauvages. Les animaux qui ont participé à cet article sont indiqués dans le tableau 6.

Tableau 6. Animaux utilisés dans ce document.

Animal	Origin of the animal (Type of animal- Phylum)
Dromedary *(Camelus dromedarius)*	Z (M)
Llama *(Lama glama)*	Z (M)
Cattle*(Bos indicus)*	Z (R)
Domestic yak *(Bos gruniens)*	Z (R)
Ankole-watusi *(Bos vatusi)*	Z (R)
Fallow deer *(Cervus dama)*	Z, J (M)
Red deer *(Cervus elaphus)*	Z, J (R)
Barbary sheep *(Ammotragus lervia)*	Z (R)
Pygmy goat *(Capra nigra sp.)*	Z (R)
Horse *(Equus cabalus sp.)*	Z (M)
Roe deer *(Capreolus capreolus)*	Z, J (R)
Mouflon *(Ovis musimon)*	J (R)

Horse *(Equus cabalus)*	D (M)
Wild water buffalo *(Bos bubalus)*	D (R)
Donkey *(Equus asinus)*	D (M)
Sheep *(Ovis aries)*	D (R)
Goat *(Capra hircus)*	D (R)
Chamois*(Rupicapra rupicapra)*	J (R)

Z- ZOO ; J- "Réserve naturelle protégée de Jasen" ; D- animal domestique ; M- animal monogastrique ; R- animal ruminant

Les excréments ont été prélevés à plusieurs reprises vers 10h00-10h30 et ont été ramassés frais sur le sol et transportés immédiatement au laboratoire. Des matières fécales vieilles de quelques jours seulement ont également été utilisées. Dans un seul cas, on a utilisé des excréments directement prélevés dans le gros intestin du mouflon.

Le contenu du rumen a été prélevé au cours de l'abattage (figure 12), directement dans le rumen, après quoi il a été immédiatement transporté au laboratoire.

Figure 12. Animaux dont les excréments ont été prélevés (vache, watusi, cerf, chèvre,

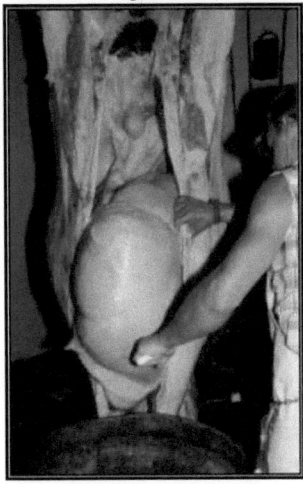

Figure 13. Prélèvement d'un échantillon du rumen de la

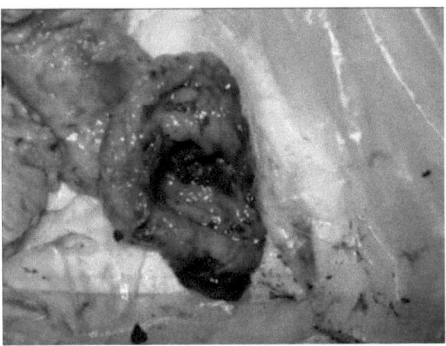

Figure 14. Prélèvement d'un échantillon du gros intestin de Moufflon.

Le contenu du rumen, qui a été utilisé comme une partie importante du milieu 10, après avoir été prélevé, a été filtré à travers 4 couches de gaze et mis dans des bouteilles sous CO_2.

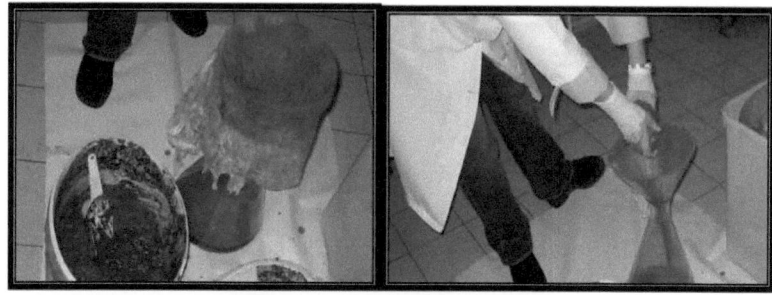

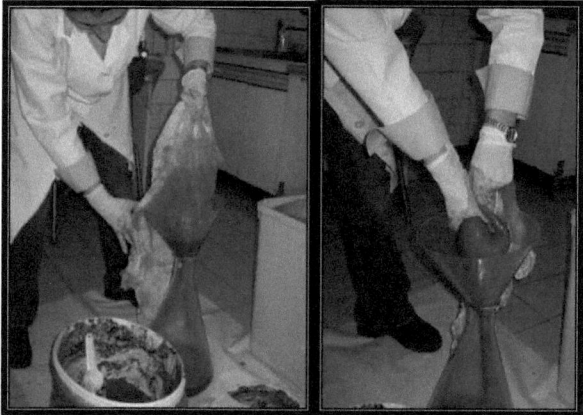

Figure 15. Filtration et préparation du contenu du rumen.

2.2. Milieu d'isolement et de culture

La plupart des techniques de culture et des milieux utilisés en microbiologie du rumen proviennent de Hungate (1966, 1969) qui a étudié les bactéries anaérobies du rumen. Ces techniques ont été modifiées et améliorées afin de fournir des milieux et des procédures qui sont aujourd'hui constamment utilisés en microbiologie anaérobie (Bryant, 1972 ; Miller et Wolin, 1974). A quelques exceptions près, ces milieux et techniques sont utilisés aujourd'hui, avec les sacs anaérobies et les procédures avec boîte de Petri (Leedle et Hespell, 1980 ; Lowe *et al.,* 1985), pour l'isolement et l'étude des champignons anaérobies.

Le milieu de base utilisé pour isoler les champignons anaérobies est le milieu 10 (M10) de Caldwell et Bryant (1966). Le milieu M10 est l'un des nombreux milieux utilisés en microbiologie du rumen anaérobie et pour notre région et notre climat, il est idéal (Figure 14). Il contient du liquide ruménal et c'est pourquoi il est décrit comme complexe ou stimulant les habitats ; il est bien tamponné à rN de 6,5 à 6,8 avec des tampons de bicarbonate et/ou de phosphate et peut être solidifié avec 0,8-1,5 % d'agar. Le milieu contient de la résazurine comme indicateur d'oxydoréduction, des micro et macrominéraux, des sources d'azote organiques et/ou inorganiques et des agents réducteurs chimiques, du sulfate de sodium et/ou du chlorhydrate de L-cystine (Theodorou et Trinci, 1989). Les agents réducteurs et les techniques anaérobies sont essentiels lors de la préparation du milieu. Un ou plusieurs antibiotiques antibactériens, la pénicilline, la streptomycine et le chloramphénicol, sont incorporés dans le milieu, ce qui est essentiel pour l'isolement des champignons anaérobies à partir du contenu du rumen et des échantillons fécaux (Theodorou *et al.*, 1990). En fait, les antibiotiques sont nécessaires en raison de la croissance des champignons anaérobies qui est complètement inhibée en co-culture avec les bactéries anaérobies du rumen.

Babel (1977) introduit le terme "antibiose" pour ce type d'interactions. Il décrit une "association antagoniste" entre deux micro-organismes, qui se nuisent l'un à l'autre. Cette notion décrit bien l'interaction entre les bactéries et les champignons dans le rumen.

Les facteurs possibles qui affectent cette antibiose sont : la croissance rapide de la population bactérienne, qui diminue le pH, ce qui inhibe la croissance des flagelles et la germination des champignons anaérobies (Grenet *et al.*, 1988a ; Orpin, 1977b) ; le manque d'énergie soluble dans le milieu pour l'enkystement et la germination des zoospores (Orpin et Greenwood, 1986) ; ainsi que la possibilité pour les bactéries de produire des faits d'inhibition (Dehority et Tirabasso, 2000). La plupart des types de *Ruminococcus albus*, *Ruminococcus flavefaciens* et *Butyrivibrio fibrisolvens, mais* pas tous, inhibent les champignons anaérobies dans la coculture ; de toute façon, l'inhibition varie entre les différents types (Bernalier *et al.*, 1988) ; la bactérie cellulolytique *F. succinogenes* a très peu ou pas d'effet sur les champignons anaérobies (Bernalier *et al.*, 1988).

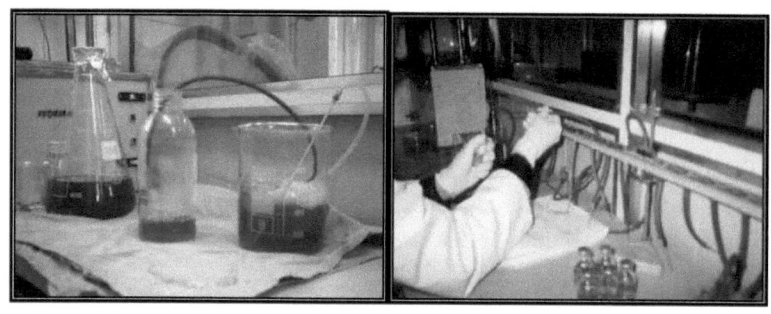

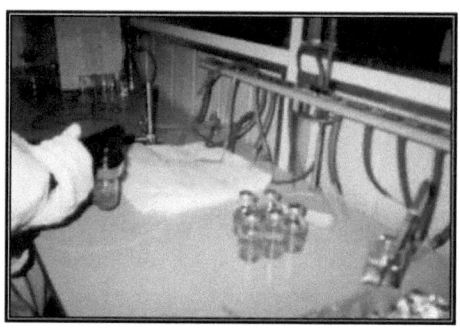

Figure 16. Préparation et distribution du milieu 10.

2.3. Isolement de champignons anaérobies à partir du contenu du rumen et des fèces

Dans le cadre de cette étude, de nombreux échantillons de matières fécales ont été prélevés sur des animaux hébergés ou sauvages, qui vivent en liberté, mais aussi dans des ZOO ; sur des ruminants et des animaux monogastriques. Des échantillons du contenu du rumen de bovins et d'ovins ont également été prélevés lors de l'abattage, après quoi ils ont été immédiatement sciés dans le milieu M10.

Chez les chytrides anaérobies, les structures résistantes sont formées pendant la reproduction ou par la formation de zoosporanges ou de kystes résistants (Karling, 1978). Cependant, la présence de telles structures chez les champignons anaérobies n'a pas été confirmée, bien que la capacité d'isoler des champignons anaérobies à partir d'excréments séchés à l'air et à partir de ruminants et d'herbivores monogastriques indique qu'ils existent très probablement (Milne *et al.*, 1989 ; Davies, Theodorou et Trinci, 1990 ; Theodorou *et al.*, 1990, 1994 ; Davies *et al.*, 1993). Après séchage, la population de champignons anaérobies dans les fèces diminue lentement et l'isolement des champignons anaérobies peut être effectué jusqu'à 10 mois après le début du séchage (Milne *et al.*, 1989 ; Theodorou *et al.*, 1990). Des champignons anaérobies ont également été isolés en Ethiopie à partir d'excréments de moutons et de bouilloires séchés au soleil (Milne *et al.*, 1989).

Ainsi, les champignons anaérobies semblent avoir la capacité de traverser l'ensemble du tube digestif des ruminants, de sorte qu'ils pourraient être rejetés à la fin avec les fèces. Et c'est vrai, Davies *et al.* (1993) ont isolé des champignons anaérobies dans toutes les parties du tube digestif de la bouillie. Davies *et al.* (1993) ont isolé une population significative de champignons anaérobies à partir de digestat sec provenant de plus d'organes du tube digestif, y compris l'omasum et la caillette, mais pas le rumen.

Le contenu du rumen et des fèces a été utilisé comme inoculum qui, immédiatement après avoir été prélevé,
Le contenu du rumen et des fèces a été utilisé comme inoculum qui, immédiatement après avoir été prélevé, a été apporté au laboratoire et a été scié dans le milieu modifié M10 (Caldwell et Bryant 1966), dans des conditions strictement aseptiques et anaérobies, dans des flacons à sérum de 100 ml. Lors de l'isolement de la microflore fongique anaérobie, le glucose a été utilisé comme source de carbone, et l'incubation a été réalisée à 39° C±1° C dans les 72 heures. L'incubation a été réalisée en trois exemplaires.

Figure 17. Flacons d'incubation, inoculés avec des fèces et du liquide de rumen.

Les champignons anaérobies se développent principalement sans être mélangés dans les cultures limitées en carbone avec un substrat soluble (glusose, xylose, cellobiose) ou particulier (cellulose, paille de blé) dans un milieu de 7 à 100 ml dans des tubes de verre à parois épaisses ou des flacons fermés avec du caoutchouc butyle et un fermoir en aluminium. Le gaz dans l'espace au-dessus des cultures contient 100% de CO_2. La température d'incubation à 39° C±1° C est égale à celle du rumen et la période d'incubation dure de 2 à 10 jours, selon l'expérience.

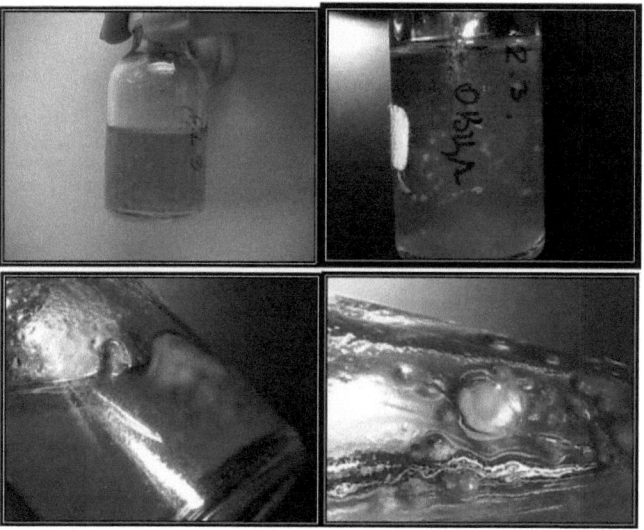

Figure 18. Cultures mixtes de champignons anaérobies.

2.4. Isolement de cultures axéniques de champignons anaérobies et conservation des isolats

Les techniques utilisées pour isoler les cultures axéniques de champignons anaérobies dans leur environnement naturel ne diffèrent pas de celles utilisées pour les bactéries anaérobies. En outre, on utilise une sous-culture répétitive, des antibiotiques antibactériens et une certaine forme de séparation physique, telle que la culture de colonies isolées sur milieu gélosé. Les colonies ne dépassent pas le diamètre de 2 mm dans les tubes de Hungate, mais dans les boîtes de Pétri, elles peuvent atteindre un diamètre de 2 cm (figure 20). Dans l'expérience, la streptomycine et la pénicilline ont été utilisées comme antibiotiques antibactériens pour empêcher la croissance des bactéries anaérobies, ainsi que le chloramphénicol pour empêcher la croissance des bactéries méthanogènes, présentes dans le rumen.

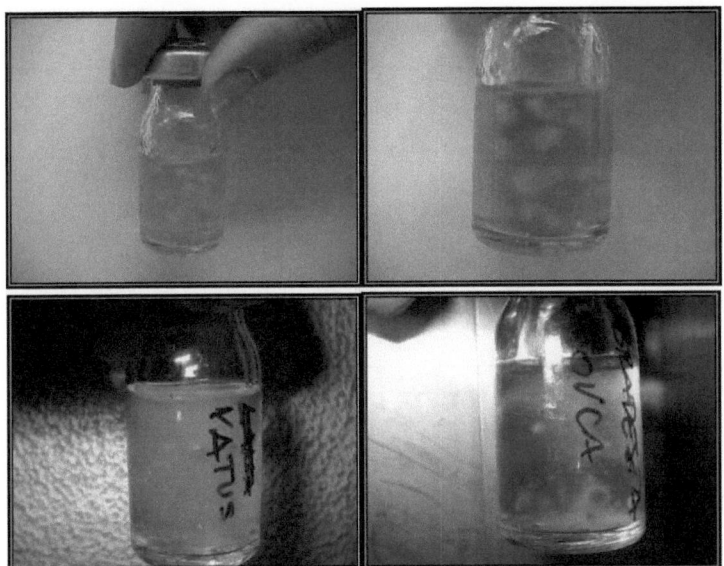

Figure 19. Cultures pures de zébu, de yak, de watusi et de chèvre africaine.

Figure 20. Cultures pures sur milieu agar dans une boîte de Pétri.

Lors de la préparation de cette étude, il a été remarqué que l'isolement des champignons anaérobies chez les animaux élevés dans des conditions domestiques n'a pas réussi (tableau 7), par rapport à leur isolement chez les animaux sauvages du ZOO, ainsi que chez ceux qui vivent librement dans la nature. (Tableau 7), par rapport à leur isolement chez les animaux sauvages du ZOO, ainsi que chez ceux qui vivent librement dans la nature.

De plus, il y avait une différence entre les animaux sauvages en termes de nombre d'isolats obtenus ainsi qu'en termes de vitesse de croissance des isolats. En effet, chez les animaux qui vivent librement dans la nature, l'isolement a été plus facile et les champignons anaérobies se sont développés très rapidement (24 heures contre 72 heures dans les échantillons prélevés au ZOO). En outre, 53 isolats au total ont été purifiés à partir de 141 cultures mixtes au total (tableau 7).

Tableau 7. Nombre d'isolats de cultures pures et mixtes.

Animal	Pure isolates	Mixed cultures
Dromedary (*Camelus dromedarius*)	3	8
Llama (*Lama glama*)	4	7
Zebu (*Bos indicus*)	7	29
Domestic yak (*Bos gruniens*)	6	21
Watusi (*Bos vatusi*)	5	16
Fallow deer (*Cervus dama*)	9	13
Red deer (*Cervus elaphus*)	2	5
Barbary sheep (*Ammotragus lervia*)	3	7
Capra goat (*Capra nigra sp.*)	/	3
Horse (*Equus cabalus sp.*)	/	2
Roe deer (*Capreolus capreolus*)	3	6
Mouflon (*Ovis musimon*)	6	9
Horse (*Equus cabalus*)	/	3
Domestic cattle (*Bos bubalus*)	2	5
Donkey (*Equus asinus*)	/	/
Domestic sheep (*Ovis aries*)	1	3
Domestic goat (*Capra hircus*)	1	2
Chamois (*Rupicapra rupicapra*)	1	2
Total	53	141

Pour isoler des cultures axéniques de champignons anaérobies dans leur environnement naturel, sans bactéries contaminées, il est essentiel d'utiliser des sous-cultures répétitives, des antibiotiques antibactériens et une certaine forme de séparation physique, telle que la culture de colonies isolées sur un milieu gélosé.

Les champignons anaérobies isolés par Orpin (1975) ont été obtenus par superposition d'un milieu gélosé liquide contenant des antibiotiques avec des particules de digestat provenant du rumen. Après incubation, la partie supérieure de la culture a été rejetée tandis que la partie inférieure, qui contient des zoospores migrateurs, a été transférée dans des tubes contenant du milieu gélosé liquide frais. Cette procédure a été répétée plusieurs fois jusqu'à l'obtention de champignons purs sans bactéries contaminées (Orpin, 1975).

Bauchop et Mountfort (1981) ont également utilisé un milieu gélosé liquide contenant des antibiotiques afin d'isoler des champignons anarobes, mais ils ont inclus des cultures enrichies de parties de plantes afin d'augmenter le volume de la population de champignons. Dans cette procédure, les cultures axéniques ont été obtenues en utilisant une aiguille pour transférer les thalles individuels sur un milieu frais.

Dans la méthode de Lowe *et al.* (1985), après l'enrichissement dans le milieu liquide, les particules de paille colonisées ont été placées dans une boîte de Pétri contenant de l'agar recouvert de cellulose. Après incubation, de petits bouchons ont été détachés des bordures des colonies en développement et ont été transférés dans un milieu liquide sans antibiotiques contenant du glucose. L'incubation dans un milieu sans antibiotique a permis d'identifier et de rejeter les cultures contaminées par des bactéries.

Grâce à l'amélioration progressive des procédures d'isolement et à la prise de conscience que les champignons anaérobies peuvent être isolés à partir des matières fécales (Milne *et al.*, 1989 ; Theodorou *et al.*, 1990), il est devenu relativement facile d'isoler les champignons anaérobies. La technique du tube à rouleaux de Hungate (1966), utilisée par Joblin (1981), est probablement le moyen le plus simple d'isoler les champignons anaérobies des digestats et des fèces. La méthode consiste à mélanger une dilution adéquate de l'échantillon avec un milieu gélosé fondu contenant des antibiotiques ; des cultures axéniques sont obtenues par ensemencement successif de colonies anaérobies dans des tubes successifs.

Tableau 8.

Animal	Origin	Source	Isolate (Number /marks)	
Dromedary (*Camelus dromedarius*)	ZOO- Skopje	Feces	3	K1, K2, K3
Llama (*Lama glama*)	ZOO- Skopje	Feces	4	L1, L2, L3, L4
Zebu (*Bos indicus*)	ZOO- Skopje	Feces	7	Z1, Z2, Z3, Z4, Z5, Z6, Z7
Yak (*Bos gruniens*)	ZOO- Skopje	Feces	6	J1, J2, J3, J4, J5, J6
Watusi (*Bos vatusi*)	ZOO- Skopje	Feces	5	V1, V2, V3, V4, V5
Fallow deer (*Cervus dama*)	ZOO- Skopje	Feces	3	EZ1, EZ2, EZ3
Fallow deer (*Cervus dama*)	Protected Nature Reserve Jasen	Feces	5	EJ1, EJ2, EJ3, EJ4, EJ5
Fallow deer (*Cervus dama*)	Protected Nature Reserve Jasen	Rumen content	1	ER1
Red deer (*Cervus elaphus*)	ZOO- Skopje	Feces	2	ES1, ES2
Barbary sheep (*Ammotragus lervia*)	ZOO- Skopje	Feces	3	BO1, BO2, BO3
Capra goat (*Capra nigra sp.*)	ZOO- Skopje	Feces	/	/
Horse (*Equus cabalus sp.*)	ZOO- Skopje	Feces	/	/
Roe deer (*Capreolus capreolus*)	ZOO- Skopje	Feces	1	SZ1
Roe deer (*Capreolus capreolus*)	Protected Nature Reserve Jasen	Feces	2	SJ1, SJ2
Mouflon (*Ovis musimon*)	ZOO- Skopje	Feces	2	MZ1, MZ2
Mouflon (*Ovis musimon*)	Protected Nature Reserve Jasen	Feces	3	MJ1, MJ2, MJ3
Mouflon (*Ovis musimon*)	Protected Nature Reserve Jasen	Rumen content	1	MR1

Horse *(Equus cabalus)*	ZOO- Skopje	Feces	/	/
orse *(Equus cabalus)*	Private owner	Feces	/	/
Domestic cattle *(Bos bubalus)*	Farm	Feces	1	KrF1
Domestic cattle *(Bos bubalus)*	Farm	Rumen content	/	/
Domestic cattle *(Bos bubalus)*	Private owner	Feces	1	KrP1
Domestic cattle *(Bos bubalus)*	Private owner	Rumen content	/	/
Donkey *(Equus asinus)*	ZOO- Skopje	Feces	/	/
Donkey *(Equus asinus)*	Private owner	Feces	/	/
Domestic sheep *(Ovis aries)*	Private owner	Feces	1	OP1
Domestic sheep *(Ovis aries)*	Private owner	Rumen content	/	/
Domestic goat *(Capra hircus)*	Private owner	Feces	1	KoP1
Chamois *(Rupicapra rupicapra)*	Protected Nature Reserve Jasen	Feces	1	DK1

Cultures pures de champignons anaérobies provenant de matières fécales et du contenu du rumen de mammifères herbivores.

Pour rester viable, la culture qui se développe sur des substrats particuliers cherche à être subcultivée à un intervalle de 2 à 7 jours (Milne *et al.*, 1989) ; les cultures cultivées sur des sucres solubles cherchent à être subcultivées plus souvent à des intervalles de 1 à 3 jours. Les techniques de cryoconservation qui utilisent 5% de diméthylsulfoxyde comme cryoprotecteur et qui maintiennent la température à -70° C ou dans l'azote liquide, peuvent être utilisées pour le stockage à long terme des champignons anaérobies (Yarlett *et al*, 1986a).

2.5. Détermination des caractéristiques morphologiques des isolats obtenus

Les champignons anaérobies, selon Heath *et al.* (1983), sont installés dans une nouvelle famille,

Neocallimastigaceae. Jusqu'à la fin des années 80 du siècle dernier, seuls les types monocentriques de champignons anaérobies ont été isolés ; ceux-ci ont des zoospores qui produisent un seul sporange. Il existe des genres de champignons anaérobies monocentriques : *Neocallimastix* contient des champignons qui ont des zoospores multiflagellées (7-30 flagelles) et développent un rhizoïde relativement ramifié (Heath *et al.*, 1983), tandis que *Piromyces* spp. ont des zoospores avec un ou parfois deux flagelles et ont un rhizoïde avec un volume et un degré d'étalement différents (Ho et Barr, 1995). Les *Caecomyces* spp. ont également des zoospores avec un ou deux flagelles, mais elles produisent des rhizoïdes filiformes et non filamenteux (Ho et Barr, 1995). En 1989, plusieurs groupes de scientifiques ont découvert simultanément la présence de champignons anaérobies de type polycentrique dans le rumen (Barr *et al.*, 1989 ; Borneman *et al.*, 1989 ; Breton *et al.*, 1989 ; Phillips, 1989). Ces champignons produisent des rhizoïdes ramifiés qui contiennent des noyaux et développent des sporanges multitype à différents intervalles, le long du rhizoïde. Jusqu'à présent, deux genres de champignons polycentriques ont été décrits : *Orpinomyces* spp. qui a des zoospores multiflagellées (Barr *et al.*, 1989) et *Anaeromyces* spp. qui produit des zoospores à un seul flagelle (Breton *et al.*, 1990).

Afin d'étudier la morphologie et l'anatomie des isolats purs obtenus, cultivés dans le milieu liquide M10, ils ont été observés en plus en appliquant l'éclairage et la microscopie fluorescente, à différents stades de leur développement. Pour cette puprose, il y a eu une préparation native qui a été colorée avec de la safranine et qui a été observée directement. Pour observer certains isolats, pour lesquels la microscopie lumineuse ne donnait pas assez de données, la microscopie à fluorescence a également été utilisée. Une goutte de suspension a été mélangée avec un fluorochrome et du bisbenzimide (5 mg/l de PBS) pour colorer les noyaux. Les noyaux deviennent fluorescents lorsqu'ils sont éclairés par la lumière UV.

Tous les chytrides produisent des zoospores flagellés. Avant de découvrir les champignons anaérobies, on pensait qu'il n'existait que des taxons uniflagellés et polyflagellés. Dans les types uniflagellés, la plupart des zoospores sont uniflagellées, mais il peut y avoir deux à quatre flagelles dans certaines zoospores. La fréquence des zoospores avec deux à quatre flagelles varie selon les isolats de types uniflagellés de 0 à environ 10 %. Les zoospores actives des types polyflagellés ont toujours plus de 4 flagelles, mais après la décharge et avant qu'elles ne nagent, les flagelles sont souvent liés entre eux et, lors d'une observation microscopique, ils semblent n'en former qu'un seul. Les flagelles sont déchargés lors de l'enkystement mais pas toujours ensemble et il reste toujours un flagelle. C'est pourquoi il est important d'observer le nombre de zoospores lorsqu'il y a détermination. Le volume des zoospores varie non seulement entre les isolats d'un même type, mais aussi entre les zospores d'un même isolat.

Chez les chytrides aérobies, le volume des zoospores dépend de l'alimentation pendant le développement du sporange (Koch, 1968). Les zoospores uniflagellés sont principalement plus petits que les zoospores polyflagellés, environ 4-11 µm et 7-22 µm de diamètre respectivement. Cependant, il est difficile d'effectuer des mesures précises du volume des zoospores, car lorsqu'ils ne sont pas fixés, les zoospores morts ont tendance à gonfler.

Il existe deux formes morphologiques : *monocentrique* (un seul organe de reproduction) et *polycentrique* (plusieurs centres de reproduction). Ces formes sont déterminées dès les premiers stades du développement et sont invariables. Dans les deux cas, après l'enkystement du zoospore, le kyste germe en produisant un tube germinatif. Dans les types monocentriques, le noyau ne pénètre pas dans le tube germinatif. Le tube germinatif se développe dans un système rhizodique de longueur déterminée. Les rhizoïdes anucléaires ont un double usage, la mise à la terre et l'absorption de nutriments. Les rhizoïdes sont de deux types : la forme filamenteuse typique chez *Neocallimastix* et *Piromyces*, et la forme bulbeuse chez *Caecomyces*. L'endroit entre le sporange et le rhizoïde est le *col*, qui peut être large ou mince et même similaire à un isthme. Le trou dans le col est la *porte ; il* peut être large ou étroit. Lorsque le sporange arrive à maturité, une membrane se forme au-dessus de la porte ou à la base du sporange. Les types monocentriques connaissent deux autres phases de développement. Dans le développement *endogène*, le noyau reste dans le kyste de la zoospore qui s'élargit en un nouveau sporange. Dans le développement *exogène*, il y a une germination bipolaire ; des rhizoïdes se développent d'un côté du kyste de zoospores et une masse plus large se développe de l'autre côté. Le noyau passe dans la masse plus large qui se développe en *sporangiophore* (tige sporangiale), et à la fin un sporange se développe. Les sporangiophores peuvent être de différentes longueurs, parfois courts, ressemblant à un porte-œuf, ou très longs, parfois plus de 100 µm. Dans la littérature, la différence entre le sporangiophore et le rhizoïde principal est confuse, et dans certaines périodes de thalles matures, il n'est pas possible d'être sûr de l'endroit où la zoospore a germé et où le développement billéral a commencé. Cependant, il y a deux signes : le sporangiophore n'a pas de rhizoïdes latéraux et chez *N.frontalis* et *P.communis,* l'endroit où le kyste germe est souvent gonflé.

Dans certains types monocentriques normaux, des branches peuvent occasionnellement apparaître avec deux ou plusieurs sporanges. Ces thalles multisporangiaux sont polycentriques si le terme est utilisé dans son sens le plus général. Mais, à part *Piromyces* spp. et *C.communis* (Wubah *et al.*, 1991a), ces formes sont rares et le plus souvent un seul ou aucun des sporanges peut se développer complètement. Le noyau de *C.communis* peut passer en rhizoïde filiforme (Wubah *et al.*, 1991a) et produire deux ou occasionnellement trois sporanges, ou rester le kyste zoospore à partir duquel le seul sporange évolue. Le noyau peut également se diviser dans le kyste zoosporeux, ce qui permet à un noyau de pénétrer dans le rhizoïde filiforme. Comme ces spores sont principalement monocentriques, le nombre de sporanges est limité au lieu d'être illimité, comme dans les formes polycentriques mycéliennes observées ci-dessous ; il a été suggéré de les appeler *monocentriques-multisporangiques*.

Dans les types polycentriques (*Orpinomyces* et *Anaeromyces*), le noyau migre à l'extérieur du kyste de la zoospore dans le tube germinatif. Le kyste zoospore n'a plus de fonction dans le développement, mais la paroi du kyste peut subsister. Le tube germinatif s'allonge et se ramifie en mycélium (rhizomycélium) comme pour les autres champignons filamenteux. Le noyau se ramifie constamment et migre le long des hyphes individuels. Cette forme de développement donne des thalles de mycélium au volume imprévisible avec de nombreux sporanges. Malheureusement, après une culture continue, de nombreux types de mycélium polycentrique produisent des sporanges qui ne se différencient pas en zoospores, ou ils ne produisent plus de sporanges, et leur identification devient problématique.

Ainsi, les formes de thalles peuvent être classées comme suit : a) monocentrique et endogène ; b) monocentrique exogène et uni- ou multisporangial ; et c) polycentrique du mycélium.

Lors de l'identification des chytrides, il est essentiel de ne pas oublier leur variation morphologique naturelle. Cette variation complique l'identification et la classification de ces organismes. En raison des besoins en température et du statut anaérobie des champignons anaérobies, le problème est amplifié et par rapport aux autres chytrides, la croissance et le développement d'un thalle ne peuvent pas être étudiés au microscope dans des circonstances normales. Les différences dans le milieu contribuent probablement à plus de variations que tout autre facteur. Lorsque le milieu est trop riche, comme dans le glucose ou le papier filtre, les sporanges deviennent souvent anormalement gros et avortent. Les thalles petits mais matures des types monocentriques, à l'exception de *C.communis,* sont similaires et ne diffèrent que par l'observation du type de décharge des zoospores et de la flagellation des zoospores. Lors de l'identification et de la classification des champignons anaérobies, il est essentiel de s'assurer que les sporanges sont sains et viables, et les conclusions ne doivent être tirées qu'après avoir observé suffisamment de matériel.

Sur les 53 cultures pures isolées au total de champignons anaérobies, 37 isolats sont monocentriques, tandis que 16 isolats appartiennent au groupe des champignons anaérobies polycentriques.

Etant donné que 53 isolats ont été obtenus sous la forme d'une culture pure, la détermination des caractéristiques n'a été effectuée que pour ceux qui présentaient la meilleure croissance. Elles ont été déterminées en fonction de la morphologie des colonies, du volume des rhizoïdes fongiques et de l'apparence des zoospores, selon la clé de Ho et Barr, 1995.

Tableau 9. Clé de détermination des champignons anaérobies (Ho et Barr, 1995).

1. Polyflagellate zoospores	2
1. Uniflagellate zoospores (occasionally with 2 or 4 flagella)	3
2. Monocentric	5. *Neocallimastix*
2. Polycentric and mycelial	6. *Orpinomyces*
3. Monocentric	4
3. Polycentric and mycelial	7. *Anaeromyces*
4. Sporangium with filamentous rhizoids	8. *Piromyces*

4. Sporangium with bulbous rhizoids	12. *Caecomyces*
5. Discharge of zoospores is through apical pore, accompanied by decomposition and fracture of the sporangium wall	N.frontalis
5. Discharge of zoospores is through specific apical pore	N.hurleyensis
6. Globular sporangia in simple or complex sporangiophores (widespread sporangial branches)	O.joyonii
6. Intercalar globular sporangia (enlarging hyphal elements)	O.intercalaris
7. Some hyphae are with structures in the shape of a lobus or bead	A.elegans
7. Hyphae without lobular or bead-like structures	A.mucronatus
8. Discharge of zoospores accompanied by decomposition of sporangial wall	9
8. Discharge of zoospores through pores or papillae	10
9. Decomposition of sporangial wall accompanied by examination of zoospores, rhizoids are not visually spiralized	P.communis
9. Decomposition of sporangial wall preceeds examination of zoospores, rhizoids are visually spiralized	P.spiralis
10. Most sporangia are smaller than 30 µm, with smooth main rhizoid	P.minutus
10. Sporangia mainly over 30 µm, with tubular main rhizoid	11
11. Mature sporangia, without papillae, neck visually narrowed, often in the shape of isthmus	*P.rhizinflatus*
11. Mature sporangia with papillae, neck often wide	P.mae
12. Sporangium with one bulbous rhizoid, from horse caecum	C.equi
12. Sporangium with one or more bulbous rhizoids, from rumen or rear stomach of other herbivores	C. communis

En outre, il y a une description de 19 isolats de champignons anaérobies obligatoires, qui ont été isolés au cours de la préparation de cette étude. La description est entièrement basée sur la morphologie des thalles, vue au microscope optique, afin de permettre une identification fonctionnelle des genres et des embranchements.

2.5.1. Isoler EZ1

Neocallimastix frontalis (Braune) Vavra et Joyon ex I. B. Heath in Heath *et al.* Canad. J. Bot. 61 : 306, 1983. Fig. 20-25

Callimastix frontalis Braune, Arch.Protistenk. 32:127, 1913.

=Neocallimastix patriciarum Orpin et E.A.Munn, Trans. Brit. Mycol. Soc. 86:180, 1986.

=Neocallimastix variabilis Y.W.Ho et D.J.S.Barr vo Ho *et al.*, Mycotaxon 46:242,1993.

LEKTOTIP. Isoler PN1 en laboratoire - Dr Geoff Gordon, Laboratory, CSIRO, Division of Animal production, PO Box 239, Blacktown, NSW 2148, Australia.

Sporangium endogène ou exogène, sphérique, 8,5-170.0 µm de diamètre, largement ellipsoïde à largement ovoïde, parfois irrégulier ; sporangium exogène de sporangiophores de différentes longueurs de plusieurs microns jusqu'à plus de 100 µm, parfois ramifié avec deux sporanges ; sporangium exogène généralement ellipsoïde en forme de poire ou ovoïde, de longueur variable de 10 µm à plus de 100 µm de longueur, parfois en forme de tuyau ou irrégulier ; les rhizoïdes partent principalement d'un axe, parfois deux ou trois du même côté du sporange, le col n'est pas rétréci ou est légèrement rétréci, l'axe principal a un diamètre de 20 µm près du sporange, il est assez ramifié, le rhizoïde principal est souvent enroulé et les rhizoïdes individuels peuvent avoir des endroits fortement rétrécis ; Le système rhizoïde s'étend sur 1 mm de sporanges plus grands ; les zoospores sont libérées par le pore apical, ce qui s'accompagne d'une décomposition rapide et d'une fissuration de la paroi du sporange ; les zoospores sont de longueur et de forme variables, souvent avec une constriction équatoriale au début et ensuite ovoïdes à globulaires, les zoospores globulaires de 7-22 µm de diamètre avec sept à environ 30 flagelles, 28-48 µm de long.

Zoosporanges développés de manière endogène, sphériques avec un diamètre de 65,71 µm ; les rhizoïdes proviennent principalement d'un axe, parfois deux ou trois du même côté du sporange, le col est large ; l'axe principal est proche du sporange, jusqu'à 20 µm de diamètre ; le rhizoïde principal est souvent enroulé ; les rhizoïdes peuvent avoir des endroits fortement rétrécis, le système rhizoïde s'étend jusqu'à 1 mm de diamètre, les zoospores sont libérées par le pore apical.

L'isolat a été prélevé dans les excréments d'un daim *(Cervus dama),* conservé au ZOO de Skopje. Selon la clé de détermination des champignons anaérobies de Ho et Barr, 1995, la description de l'isolat correspond tout à fait à la description de *Neocallimastix frontalis.*

En Malaisie, *N. frontalis a* été isolé à partir de matériel ruminal et d'excréments de buffle, bœuf, mouton, chèvre et cerf (Ho *et al.,* 1993a). On a également isolé des matières du rumen de bœufs en Nouvelle-Zélande (Bauchop, 1979a), au Canada (Barr *et al.,* 1989), en Australie (Phillips, 1989) et aux Etats-Unis (Barichievich et Calza, 1990) et du rumen, de la salive et des excréments de moutons en Grande-Bretagne (Orpin, 1975 ; Lowe *et al.*, 1987).

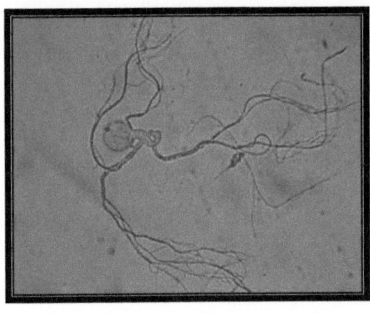 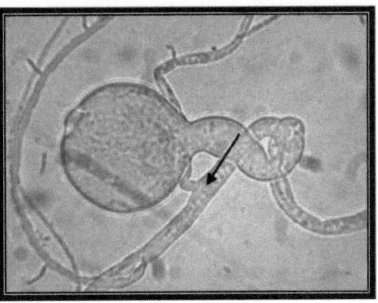

Figure 21. Souche EZ1- *N. frontalis*. Thalle monocentrique avec un seul sporange, col large, rhizoïde principal enroulé (étroit).
a- grossissement 10x ; b- grossissement 40x

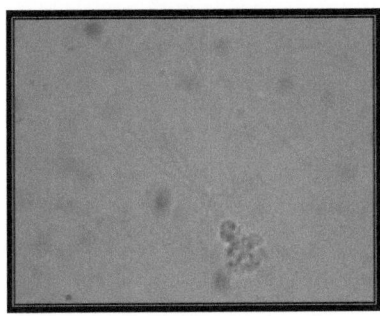

Figure 22. Zoospore polyflagellée de *N. frontalis*.

2.5.2. Isoler EZ2

Neocallimastix frontalis (Braune) Vavra et Joyon ex I. B. Heath in Heath *et al.* Canad. J. Bot. 61 : 306, 1983. Fig. 20-25

Callimastix frontalis Braune, Arch.Protistenk. 32:127, 1913.

=Neocallimastix patriciarum Orpin et E.A.Munn, Trans. Brit. Mycol. Soc. 86:180, 1986.

=Neocallimastix variabilis Y.W.Ho et D.J.S.Barr vo Ho *et al.,* Mycotaxon 46:242,1993.

LEKTOTIP. Isoler PN1 en laboratoire-Dr Geoff Gordon, Laboratory, CSIRO, Division of Animal production, PO Box 239, Blacktown, NSW 2148, Australia.

Sporangium endogène ou exogène, sporangium exogène sphérique, 8.5170.0 μm de diamètre, largement ellipsoïde à largement ovoïde, parfois irrégulier ; sporangium exogène de sporangiophores de différentes longueurs de plusieurs microns jusqu'à plus de 100 μm, parfois ramifié avec deux sporanges ; sporangium exogène généralement ellipsoïde en forme de poire ou ovoïde, de longueur variable de 10 μm à plus de 100 μm de longueur, parfois en forme de tuyau ou irrégulier ; les rhizoïdes partent principalement d'un axe, parfois deux ou trois du même côté du sporange, le col n'est pas rétréci ou est légèrement rétréci, l'axe principal a un diamètre de 20 μm près du sporange, il est ramifié, le rhizoïde principal est souvent enroulé et les rhizoïdes individuels peuvent avoir des endroits fortement rétrécis ; Le système rhizoïde s'étend sur 1 mm de sporanges plus grands ; les zoospores sont libérées par le pore apical, ce qui s'accompagne d'une décomposition rapide et d'une fissuration de la paroi du sporange ; les zoospores sont de longueur et de forme variables, souvent avec une constriction équatoriale au début et ensuite ovoïdes à globulaires, les zoospores globulaires ont un diamètre de 7-22 μm avec sept à environ 30 flagelles de 28-48 μm de long.

Zoosporanges développés de manière endogène, sphériquement allongés (semblables à des œufs) ; 157,14 μm de diamètre ; les rhizoïdes proviennent principalement d'un axe, occasionnellement deux ou trois du même côté du sporange, le col est large ; l'axe principal proche du sporange, jusqu'à 17,14 μm de diamètre, enroulé ; le rhizoïde principal est souvent enroulé ; le rhizoïde peut avoir des endroits fortement rétrécis ; le système rhizoïde s'étend jusqu'à 1 mm de diamètre ; les zoospores sont libérées par le pore apical, accompagnées d'une décomposition rapide et d'une fissuration de la paroi du sporange. Les zoospores sont libérées par le pore apical, accompagnées d'une décomposition rapide et d'une fissuration de la paroi du sporange ; les zoospores sont de longueur et de forme variables, zoospores globulaires de 10-25pm de diamètre, avec 10 à 30 flagelles, 3550 μm de long.

L'isolat a été prélevé dans les excréments d'un daim *(Cervus dama),* conservé au ZOO de Skopje. Selon la clé de détermination des champignons anaérobies de Ho et Barr, 1995, la description de l'isolat correspond tout à fait à la description de *Neocallimastix frontalis*.

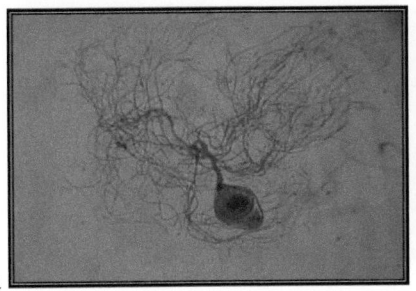 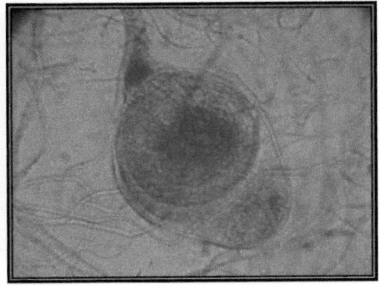

Figure 23. Souche EZ2- *N. frontalis*. Thalle monocentrique avec un sporangiophore court en forme d'oeuf. a- grossissement 10x ; b- grossissement 40x

2.5.3. Isoler EZ3

Zoosporanges, sphériques asymétriques, 161,24 μm de diamètre ; rhizoïde répandu, le col n'est pas rétréci ou légèrement rétréci, l'axe principal, proche du sporange, jusqu'à 14.28 μm de diamètre, enroulé ; le rhizoïde principal est souvent enroulé ; le système rhizoïde est étalé jusqu'à 600 μm de diamètre ; les zoospores sont libérées par le pore latéral, accompagnées d'une décomposition rapide et d'une fissuration de la paroi du sporange ; les zoospores sont de longueur et de forme variables ; zoospores sphériques, polyflagellés.

L'isolat a été prélevé dans les excréments d'un daim (*Cervus dama*), conservé au ZOO de Skopje. Selon la clé de détermination des champignons anaérobies de Ho et Barr, 1995, la description de l'isolat correspond tout à fait à la description de *Neocallimastix* spp.

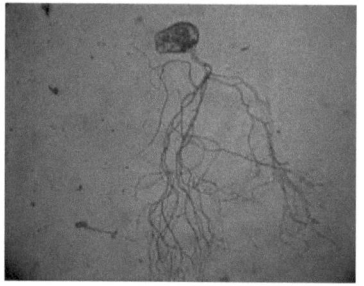 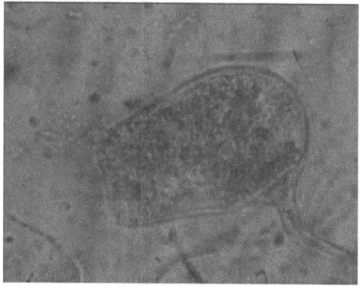

Figure 24. Souche EZ3- Thalle monocentrique avec zoosporange, au moment de la libération des zoospores.
a- grossissement 10x ; b- grossissement 40x

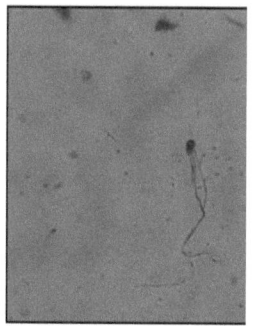 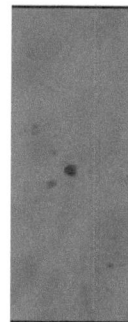

Figure 25. *Neocallimastix* spp. - zoospore polyflagellé.

2.5.4. *Isoler EJ1*

Zoosporanges, symétriquement sphériques, 119,99 µm de diamètre ; rhizoïde répandu, le col est légèrement rétréci, l'axe principal, proche du sporangium, jusqu'à 25.71 µm de diamètre, enroulé ; le rhizoïde principal est souvent enroulé ; le système rhizoïde est étalé jusqu'à 800 µm de diamètre ; les zoospores sont libérées par le pore latéral, accompagnées d'une décomposition rapide et d'une fissuration de la paroi du sporange, qui est clairement à double couche ; les zoospores sont de longueur et de forme variables ; zoospores sphériques, polyflagellés.

L'isolat a été prélevé dans les excréments d'un daim *(Cervus dama),* gardé dans la réserve naturelle protégée de Jasen, à Skopje. Selon la clé de détermination des champignons anaérobies de Ho et Barr, 1995, la description de l'isolat correspond tout à fait à la description de *Neocallimastix* spp.

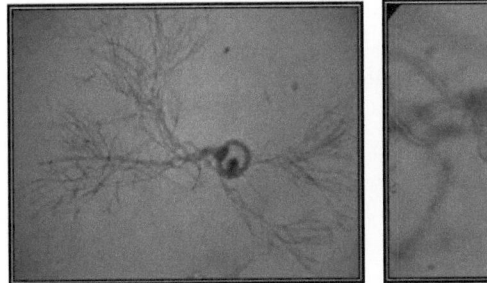 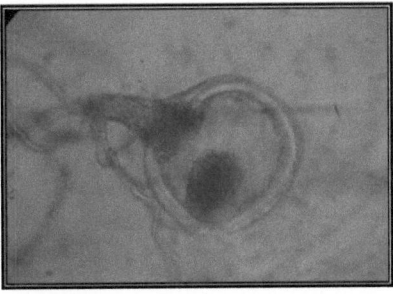

Figure 26. Souche EJ1- Thalle monocentrique avec zoosporange au moment de la libération des zoospores.
a- grossissement 10x ; b- grossissement 40x

2.5.5. Isoler SZ1

Piromycas mae J. L. Li in Li *et al*, Canad. J.Bot. 68:1028,1990. Fig. 52-60

TIP. Li *et al.* 1990.

Monocentrique ; les sporanges sont endogènes et exogènes, sphériques, ovoïdes en forme de poire et allongés, 26-37*70-125 µm, souvent avec une, occasionnellement avec deux papilles distinctives ; sporanges exogènes de sporangiophores de longueur variable, occasionnellement étalés avec deux à trois sporanges (multi sporanges) ; le rhozoïde principal tubulaire ou souvent gonflé sous le col, col partiellement et étroitement rétréci. Entrée étroite ; les rhizoïdes sont ramifiés et allongés jusqu'à 240 µm ; la décharge suit après la décomposition d'une ou deux papilles, paroi constante, les zoospores sont sphériques à ovoïdes, 2,5-11,0 µm, uniflagellés, rarement deux à quatre flagelles, flagelle long 20-30 µm.

Sporanges monocentriques, en forme de double poire 31*115 µm ; avec plusieurs papilles ; le rhizoïde principal est étalé de façon filamenteuse, il s'allonge jusqu'à

180 µm, la décharge suit après la décomposition des papilles ; les zoospores sont ovoïdes, 3,1-8,0 µm, uniflagellés.

L'isolat a été prélevé dans les excréments d'un chevreuil *(Capreolus capreolus)*, conservé au ZOO de Skopje. Selon la clé de détermination des champignons anaérobies de Ho et Barr, 1995, la description de l'isolat correspond complètement à la description de *Piromyces mae*.

En Malaisie, *P. mae a* été isolé dans le rumen et les fèces de bœufs, de buffles, de moutons et de chèvres, ainsi que dans le duodénum de moutons. Ce type a également été isolé dans le rumen d'élans au Canada (Barr *et al.*, 1995) et dans le rumen de moutons en France (Gaillard-Martinie *et al.*, 1992).

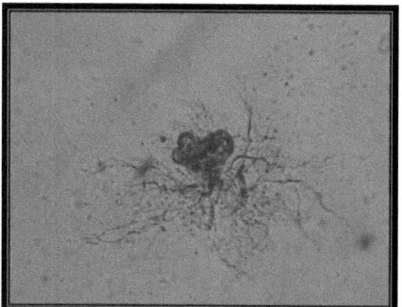 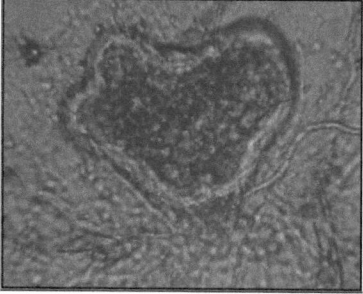

Figure 27. Souche SZ1- *Piromyces mae*, sporange endogène avec deux papilles. a- grossissement 10x ; b- grossissement 40x

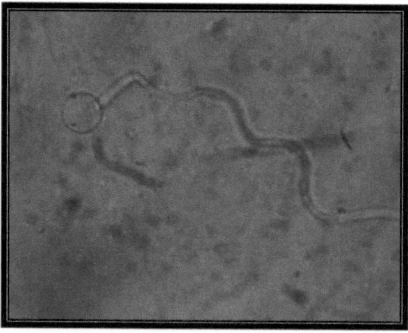

Figure 28. Zoospores uniflagellées - *P. mae*.

2.5.6. Isoler SJ1

Piromycas mae J. L. Li in Li *et al,* Canad. J.Bot. 68:1028,1990. Fig. 52-60

TIP. Li *et al.* 1990.

> Monocentrique ; les sporanges sont endogènes et exogènes, sphériques, ovoïdes en forme de poire et allongés, 26-37*70-125 μm, souvent avec une, occasionnellement avec deux papilles distinctives ; sporanges exogènes de sporangiophores de longueur variable, occasionnellement étalés avec deux à trois sporanges (multi sporanges) ; le rhozoïde principal tubulaire ou souvent gonflé sous le col, col partiellement et étroitement rétréci. Entrée étroite ; les rhizoïdes sont ramifiés et allongés jusqu'à 240 μm ; la décharge suit après la décomposition d'une ou deux papilles, paroi constante, les zoospores sont sphériques à ovoïdes, 2,5-11,0 μm, uniflagellés, rarement deux à quatre flagelles, flagelle long 20-30 μm.

Sporanges monocentriques, en forme de cœur, 48*89 μm ; avec plusieurs papilles ; le rhizoïde principal est ramifié de façon filamenteuse, il s'allonge jusqu'à 330 μm, la décharge suit après la décomposition d'une ou deux papilles ; les zoospores sont sphériques à ovoïdes, uniflagellés.

L'isolat a été prélevé dans les excréments d'un chevreuil *(Capreolus capreolus)*, gardé dans la réserve naturelle protégée de Jasen, à Skopje. Selon la clé de détermination des champignons anaérobies de Ho et Barr, 1995, la description de l'isolat correspond complètement à la description de *Piromyces mae*.

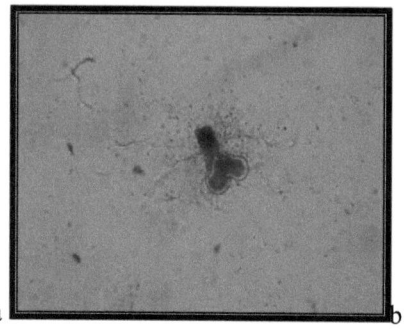 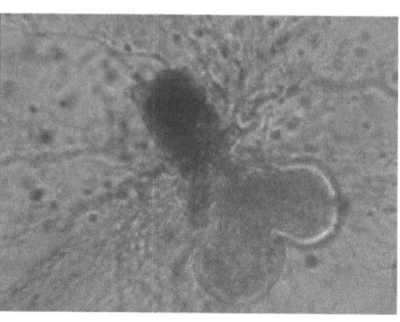

Figure 29. Souche SJ1- *Piromyces mae*, sporange endogène avec deux papilles. a- grossissement 10x ; b- grossissement 40x

2.5.7. Isoler EJ2

Piromyces communis J. J. Gold *et al*, BioSystems 21:411,1988 (en tant que comb. nov.) Figs. 45-51

=*Piromonas communis* sensu Orpin, J. Gen. Microbiol. 99 : 107-117, 1977a, non *Piromonas communis* Liebetanz, Arch. Prostistenk. 19:37-38,1910.

TIP : Orpin, 1977a

Monocentrique ; les sporanges sont endogènes et exogènes, ils se déconnectent souvent dès qu'ils sont matures ; les sporanges endodènes sont sphériques, 20-105 µm de diamètre, ellipsoïdes ou en forme de poire, principalement 30-40*50-70 µm ; Les sporanges exogènes sont principalement ellipsoïdes ou en forme de poire, parfois irréguliers, avec des sporangiophores de différentes longueurs de plusieurs microns jusqu'à 100 µm de longueur ; les sporangiophores sont parfois ramifiés avec deux sporanges (multi sporanges) ; rhizoïdes à partir d'un axe de la base du sporange, parfois à partir de deux axes ; le rhizoïde principal est grand, 4-20 µm de large, non rétréci ou légèrement rétréci dans le cou, assez ramifié, souvent avec des rétrécissements au rhizoïde ; examen des zoospores de la partie apicale large de la paroi suivie par la décomposition du reste de la paroi ; zoospores assez variables dans la forme de globulaire à irrégulière, 4.5-9,5 µm de diamètre, uniflagellés, parfois deux à quatre flagellés ; flagelles 22-29 μm de long.

Sporanges monocentriques, endogènes, d'un diamètre de 97 μm ; le rhizoïde principal est large, 583,13 μm de diamètre, sans rétrécissement ou légèrement rétréci dans la zone du col, ramifié avec des rétrécissements sur le rhizoïde ; l'examen des zoospores se fait avec décomposition d'une large partie apicale de la paroi ; les zoospores sont assez variables dans la forme, uniflagellés.

L'isolat a été prélevé dans les excréments d'un daim (*Cervus dama*), gardé dans la réserve naturelle protégée de Jasen, à Skopje. Selon la clé de détermination des champignons anaérobies de Ho et Barr, 1995, la description de l'isolat correspond complètement à la description de *Piromyces communis*.

En Malaisie, *P. communis a* été isolé dans le rumen de mouton, chèvre, bœuf, buffle d'eau et cerf, et dans le duodénum du mouton (Ho *et al.*, 1994b). La bobine du rhizoïde principal se trouve souvent dans les formes endogènes. *Piromycas communis* est également isolé du rumen de moutons en Grande-Bretagne (Orpin, 1977a) et en France (Gaillard et Citron, 1989), ainsi que du rumen de bœufs au Canada (Barr *et al., 1989).*

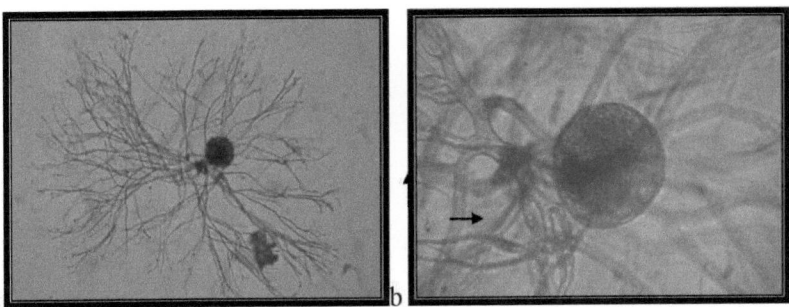

Figure 30. Souche EJ2- *Piromyces communis,* sporange endogène avec rhizoïde principal enroulé ; certains rhizoïdes sont rétrécis (flèches).
a- grossissement 10x ; b- grossissement 40x

2.5.8. Isoler EJ3

Piromyces minutus Y. W. Ho in Ho *et al,* Mycotaxon 47 : 286- 287, 1993. Fig. 6671

TIP. Ho *et al,* 1993c ; la culture D2 fait partie de la collection personnelle de

Y.W.Ho, University Pertanian Malaysia.

Monocentrique ; les sporanges sont strictement endogènes, ellipsoïdes, en forme de poire ou sphériques pour la plupart, 8-25*8.5-28 µm, parfois 40-80 µm de diamètre ; rhizoïdes à partir d'un seul axe, parfois deux à quatre axes ; le rhizoïde principal est généralement ramifié et se termine par un système peu étendu ; la décharge des zoospores suit la décomposition du large pore apical, parfois deux pores d'un grand sporange ; la paroi du sporange est constante après la décharge des zoospores ; les zoospores sont globulaires, 5.5-7,5 µm de diamètre, uniflagellées, parfois deux à quatre flagelles, flagelle long jusqu'à 31 µm.

Sporanges monocentriques, endogènes, ellipsoïdes avec un diamètre de 31,42 µm ; les rhizoïdes sont parfois avec des constrictions ; le rhizoïde principal n'est généralement pas ramifié, se terminant par un système peu ramifié ; les zoospores sont des uniflagellés.

Dans les cultures, ce type est facile à différencier des autres *Piromyces* spp. en raison de la petite taille du sporange. Il n'a été trouvé qu'en Malaisie, dans le rumen de Javan rusa (Ho *et al,* 1993c), de chèvre, de mouton et dans le duodénum de mouton (Ho *et al,* 1994b).

L'isolat a été prélevé dans les excréments d'un daim *(Cervus dama),* gardé dans la réserve naturelle protégée de Jasen, à Skopje. Selon la clé de détermination des champignons anaérobies de Ho et Barr, 1995, la description de l'isolat correspond tout à fait à la description de *Piromyces minutus.*

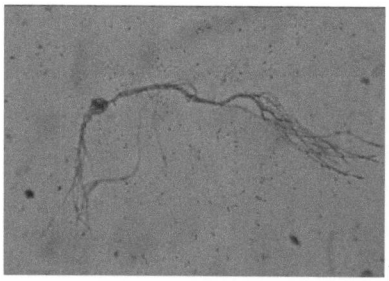 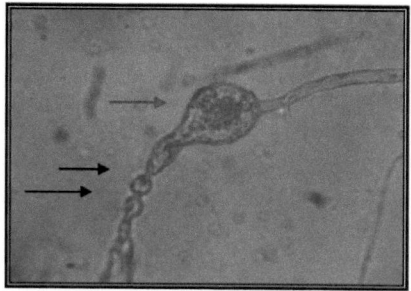

Figure 31. Souche EJ3- *Piromyces minutus,* rhizoïde principal droit et non ramifié se terminant par des rhizoïdes peu ramifiés. Rhizoïde principal avec constriction (flèches noires).
Flèche rouge - zoospores.
a- grossissement 10x ; b- grossissement 40x

2.5.9. Isoler EJ4

Piromycas mae J. L. Li in Li *et al*, Canad. J.Bot. 68:1028,1990. Fig. 52-60

TIP. Li *et al.* 1990.

> Monocentrique ; les sporanges sont endogènes et exogènes, sphériques, ovoïdes en forme de poire et allongés, 26-37*70-125 μm, souvent avec une, occasionnellement avec deux papilles distinctives ; sporanges exogènes de sporangiophores de longueur variable, occasionnellement ramifiés avec deux à trois sporanges (multi sporanges) ; le rhozoïde principal tubulaire ou souvent gonflé sous le col, col partiellement et étroitement rétréci. Entrée étroite ; les rhizoïdes sont ramifiés et allongés jusqu'à 240 μm ; la décharge suit après la décomposition d'une ou deux papilles, paroi constante, les zoospores sont sphériques à ovoïdes, 2,5-11,0 μm, uniflagellés, rarement deux à quatre flagelles, flagelle long 20-30 μm.

Monocentrique ; les sporanges sont allongés et ovales, 74,28*51,42 μm ; le rhizoïde principal est ramifié de façon filamenteuse, il s'allonge jusqu'à 800 μm ; le sporangium peut reposer sur un sporangiophore plus court ou plus long sans constrictions ; la décharge des zoospores suit la décomposition de la paroi du sporangium ; les zoospores sont sphériques à ovales, 2,0-11,0 μm.

L'isolat a été prélevé dans les excréments d'un daim *(Cervus dama)*, gardé dans la réserve naturelle protégée de Jasen, à Skopje. Selon la clé de détermination des champignons anaérobies de Ho et Barr, 1995, la description de l'isolat correspond complètement à la description de *Piromyces mae*.

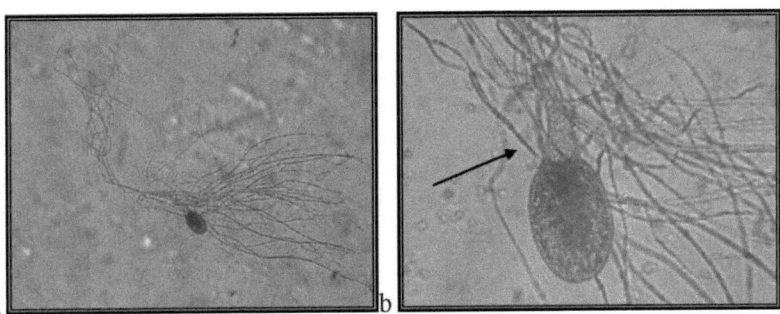

Figure 32. Souche EJ4- *Piromyces mae*, sporange avec sporangiophore court (flèche). a- grossissement 10x ; b- grossissement 40x

2.5.10. Isoler SJ2

Piromyces minutus Y. W. Ho in Ho *et al*, Mycotaxon 47 : 286- 287, 1993. Fig. 6671

TIP. Ho *et al*. 1993c ; la culture D2 fait partie de la collection personnelle de Y.W.Ho, University Pertanian Malaysia.

Monocentrique ; les sporanges sont strictement endogènes, ellipsoïdes, en forme de poire ou sphériques, le plus souvent, 8-25*8.5-28 µm, parfois 40-80 µm de diamètre ; rhizoïdes à partir d'un seul axe, parfois deux à quatre axes ; le rhozoïde principal est généralement assez ramifié se terminant par un système peu ramifié ; la décharge des zoospores suit la décomposition du large pore apical, parfois deux pores d'un grand sporange ; la paroi du sporange est constante après la décharge des zoospores ; les zoospores globulaires, 5.5-7,5 µm de diamètre, uniflagellées, parfois deux à quatre flagelles, flagelle long jusqu'à 31 µm.

Monocentrique ; les sporanges sont strictement endogènes, ellipsoïdes ou en forme de poire, avec un diamètre de 171 µm ; le rhizoïde principal n'est pas ramifié, se terminant par un système ramifié ; la décharge des zoospores suit après un large pore apical, occasionnellement deux pores d'un grand sporange ; les zoospores sont uniflagellés.

Dans les cultures, ce type est facile à différencier des autres *Piromyces* spp. en raison de la petite taille du sporange. Il n'a été trouvé qu'en Malaisie, dans le rumen de Javan rusa (Ho *et al*, 1993c), de chèvre, de mouton et dans le duodénum de mouton (Ho *et al*, 1994b).

L'isolat a été prélevé dans les excréments d'un daim *(Cervus dama)*, gardé dans la réserve naturelle protégée de Jasen, à Skopje. Selon la clé de détermination des champignons anaérobies de Ho et Barr, 1995, la description de l'isolat correspond complètement à la description de *Piromyces minutus*.

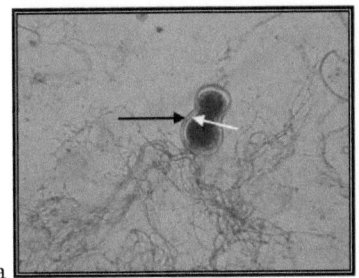
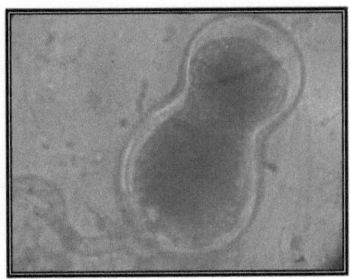

a

Figure 33. Souche SJ2- *Piromyces minutus*, système rhizoïde avec deux rhizoïdes principaux. Les flèches montrent la paroi à deux couches du sporangiophore, pleine de spores.
a- grossissement 10x ; b- grossissement 40x

2.5.11. Isoler Z2

Neocallimastix frontalis (Braune) Vavra et Joyon ex I. B. Heath in Heath *et al.*
Canad. J. Bot. 61 : 306, 1983. Fig. 20-25

Callimastix frontalis Braune, Arch.Protistenk. 32:127, 1913.

=Neocallimastix patriciarum Orpin et E.A.Munn, Trans. Brit. Mycol. Soc. 86:180, 1986.

=Neocallimastix variabilis Y.W.Ho et D.J.S.Barr vo Ho *et al.,* Mycotaxon 46:242,1993.

LEKTOTIP. Isoler PN1 en laboratoire-Dr Geoff Gordon, Laboratory, CSIRO, Division of Animal production, PO Box 239, Blacktown, NSW 2148, Australia.

Sporangium endogène ou exogène, sporangium exogène sphérique, 8.5170.0 µm de diamètre, largement ellipsoïde à largement ovoïde, parfois irrégulier ; sporangium exogène de sporangiophores de différentes longueurs de plusieurs microns jusqu'à plus de 100 µm, parfois ramifié avec deux sporanges ; sporangium exogène généralement ellipsoïde en forme de poire ou ovoïde, de longueur variable de 10 µm à plus de 100 µm de longueur, parfois en forme de tuyau ou irrégulier ; les rhizoïdes partent principalement d'un axe, parfois deux ou trois du même côté du sporange, le col n'est pas rétréci ou est légèrement rétréci, l'axe principal a un diamètre de 20 µm près du sporange, assez ramifié, le rhizoïde principal est souvent enroulé et les rhizoïdes individuels peuvent avoir des endroits fortement rétrécis ; Le système rhizoïde s'étend sur 1 mm de sporanges plus grands ; les zoospores sont libérées par le pore apical, ce qui s'accompagne d'une décomposition rapide et d'une fissuration de la paroi du sporange ; les zoospores sont de longueur et de forme variables, souvent avec une constriction équatoriale au début et ensuite ovoïdes à globulaires, les zoospores globulaires de 7-22 μm de diamètre avec sept à environ 30 flagelles, 28-48 μm de long.

Zoosporanges développés de manière endogène, sphériques, 83.61 μm de diamètre ; les rhizoïdes proviennent principalement d'un axe, parfois deux ou trois du même côté du sporange, le col est large ; l'axe principal proche du sporange, jusqu'à 32 μm de diamètre, enroulé ; le rhizoïde principal est souvent enroulé ; Le système rhizoïde s'étend jusqu'à 1 mm de diamètre, les zoospores sont libérées par le pore apical, accompagnées d'une décomposition rapide et d'une fissuration de la paroi du sporange ; les zoospores sont de longueur et de forme variables, zoospores sphériques de 7 à 22 μm de diamètre, avec 7 à environ 30 flagelles. L'isolat a été prélevé dans les excréments d'un zébu *(Bos indicus)*, gardé au ZOO de Skopje. Selon la clé de détermination des champignons anaérobies de Ho et Barr, 1995, la description de l'isolat correspond tout à fait à la description de *Neocallimastix frontalis*.

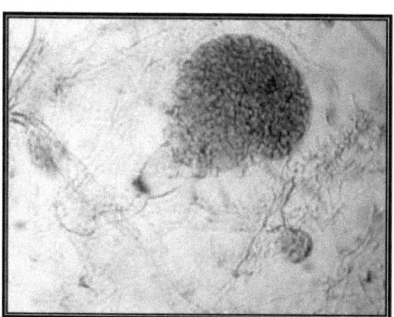

Figure 34. Souche Z2- *Neocallimastix frontalis,* sporange exogène avec un court ovule. sporangiophore, plein de spores. Grossissement 900x

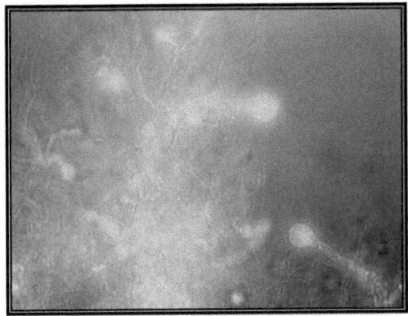

Figure 35. Souche Z2- *Neocallimastix frontalis*, sous microscope à fluorescence. Grossissement 400x. La fluorescence se produit dans les noyaux.

2.5.12. Isoler L2

Un mycélium de longueur indéterminée est soulevé au-dessus du kyste zoosporique en cours de germination ; polycentrique. On n'a pas trouvé de zoospores. Les rétrécissements des hyphes ont la forme d'isthmes. Ce n'est qu'en raison de l'absence de zoospores que nous n'avons pas pu déterminer avec certitude de quel genre de champignons anaérobies polycentriques il s'agissait ; mais la présence de constrictions en forme d'isthme qui sont correctement positionnées, signifie qu'il s'agit de champignons polycentriques du genre *Anaeromyces*.

L'isolat a été prélevé dans les excréments d'un lama *(Lama glama)*, conservé au ZOO de Skopje.

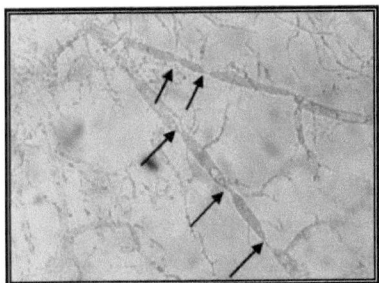

Figure 36. Souche L2- *Anaeromyces* spp, souche polycentrique. Grossissement 400x. Flèches- hiphas rétrécis.

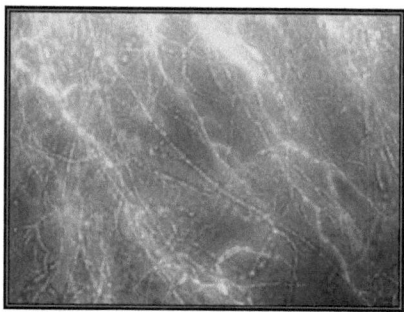

Figure 37. Souche L2- *Anaeromyces* spp, souche polycentrique sous microscope à fluorescence.
Grossissement 400x. La fluorescence se produit dans les noyaux.

2.5.13. Isoler J2

Anaeromyces elegans Y. W. Ho dans Ho *et al,* Mycotaxon 47 : 283, 1993b. Fig. 39-44

Ruminomyces elegans Y.W.Ho dans Y.W.Ho *et al,* Mycotaxon 39 : 398, 1990.

TIP. Ho *et al,* 1990.

> Sporanges simples, élypsoïdes, 15-75 * 29-120 µm, souvent en forme de bobine (avec projection apicale), formés sur des sporangiophores de 4-16 µm de large et 3183 µm de long ; la décharge des zoospores est inconnue ; les zoospores sont sphériques, 7,5-8,5 µm de diamètre, uniflagellés, flagelle jusqu'à 30 µm de long ; hyphes rétrécis. La présence d'hyphes en forme d'ailes et de grains a été remarquée.

Sporanges longitudinaux simples, 28*106 µm, en forme de bobine (avec bourgeon apical), formés sur des sporangiophores, zoospores uniflagellés, et hyphas-constricteurs.

L'isolat a été prélevé dans les excréments d'un yak domestique *(Bos gruniens),* conservé au ZOO de Skopje. Selon la clé de détermination des champignons anaérobies de Ho et Barr, 1995, la description de l'isolat correspond complètement à la description d'*Anaeromyces elegans*.

On trouve souvent ce type d'aliment dans la panse des bœufs et des buffles en Malaisie.

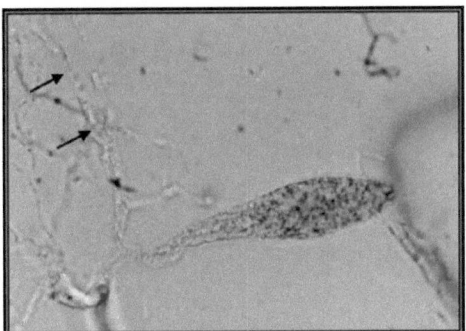

Figure 38. Souche J2- *Anaeromyces elegans,* souche polycentrique. Grossissement 450x. Flèches- hiphas rétrécis.

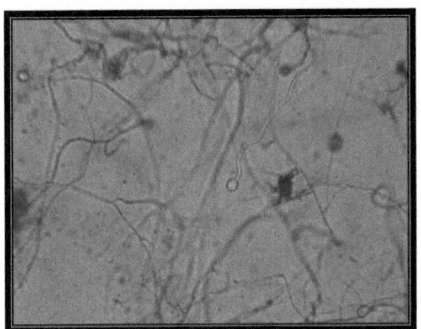

Figure 39. Zoospores uniflagellées - souche J2. Grossissement 40x.

2.5.14. Isoler V4

Un mycélium de longueur indéterminée est soulevé au-dessus du kyste zoosporique en cours de germination ; polycentrique. Les zoospores n'ont pas été trouvées. Rétrécissements des hyphes. Ce n'est qu'en raison de l'absence de zoospores que nous n'avons pas pu déterminer avec certitude de quel genre de champignons anaérobies polycentriques il s'agissait.

L'isolat a été prélevé dans les excréments de watusi *(Bos vatusi),* conservés au ZOO de Skopje. Selon la clé de détermination des champignons anaérobies de Ho et Barr, 1995, la description de l'isolat correspond complètement à la description du genre polycentrique de champignons anaérobies *Orpinomyces* spp. ou *Anaeromyces* spp.

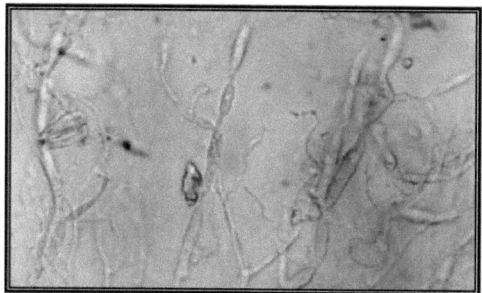

Figure 40. Souche V4 - souche polycentrique. Grossissement 450x.

2.5.15. Isoler BO3

Piromycas mae J. L. Li in Li *et al,* Canad. J.Bot. 68:1028,1990. Fig. 52-60

TIP. Li *et al.* 1990.

Monocentrique ; les sporanges sont endogènes et exogènes, sphériques, ovoïdes en forme de poire et allongés, 26-37*70-125 µm, souvent avec une, occasionnellement avec deux papilles distinctives ; sporanges exogènes de longueur variable, occasionnellement ramifiés avec deux à trois sporanges de sporangiophores (multi sporanges) ; le rhizoïde principal tubulaire ou souvent gonflé sous le col, col partiellement et étroitement rétréci. Entrée étroite ; les rhizoïdes sont ramifiés et allongés jusqu'à 240 µm ; jusqu'à la décomposition d'une ou deux papilles, paroi constante, les zoospores sont sphériques à ovoïdes, 2,5-11,0 µm, uniflagellés, rarement deux à quatre flagelles, flagelle long 20-30 µm.

Monocentrique ; les sporanges sont en forme de double poire (en forme de cœur), 39-61*89-128 µm, avec plusieurs papilles ; le rhizoïde principal est ramifié de façon filamenteuse, allongé jusqu'à 450 µm ; la décharge suit après une ou deux papilles ; zoospores sphériques, 2,0-12,5 µm, uniflagellées, rarement deux à quatre flagelles.

L'isolat provient des excréments d'un mouton de Barbarie *(Ammotragus lervia),* conservé au ZOO de Skopje. Selon la clé de détermination des champignons anaérobies de Ho et Barr, 1995, la description de l'isolat correspond complètement à la description de *Piromyces mae*.

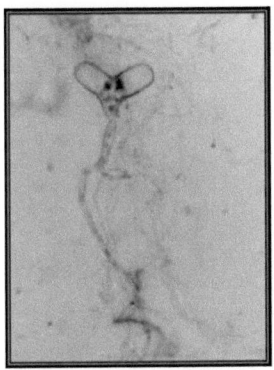

Figure 41. Souche BO3- *Piromyces mae*, sporange endogène avec deux papilles. Grossissement 450x.

2.5.16. Isoler ES1

Piromyces citronii B. Gaillard-Martinie dans Gaillard-Martinie *et al*, FEMS Micr. Lett. 130 : 321-326, 1995. Figures 1-9.

TIP. Gaillard-Martinie *et al*, 1995.

> Thalle monocentrique, zoosporanges sphériques ou éliptiques, 75-125*40-100 µm, uniques ; zoospores sphériques, 6,5-8,3 µm, uniflagellés, flagelle 30-40 µm.

Champignon filamenteux, à thalle monocentrique ; avec des sporanges ovales doubles qui sont conservés sur un sporange d'un diamètre d'environ 77 µm. Lorsqu'ils sont matures, la moitié supérieure du sporange s'ouvre et les zoospores sont libérées. Les zoospores ont un diamètre de 7,3 µm ; elles sont uniflagellées.

L'isolat a été prélevé dans les excréments d'un cerf rouge *(Cervus elaphus)*, conservé au ZOO de Skopje. Selon la clé de détermination des champignons anaérobies de Ho et Barr, 1995, la description de l'isolat correspond complètement à la description de *Piromyces citronii*.

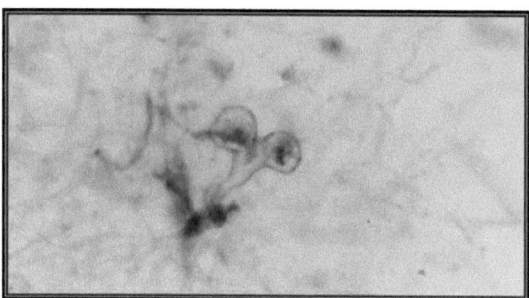

Figure 42. Souche ES1- *Piromyces citronii*, thalle monocentrique. Grossissement 450x.

2.5.17. Isoler J1

Piromycas mae J. L. Li in Li *et al*, Canad. J.Bot. 68:1028,1990. Fig. 52-60

TIP. Li *et al*. 1990.

> Monocentrique ; les sporanges sont endogènes et exogènes, sphériques, ovoïdes en forme de poire et allongés, 26-37*70-125 μm, souvent avec une, occasionnellement avec deux papilles distinctives ; sporanges exogènes de sporangiophores de longueur variable, occasionnellement ramifiés avec deux à trois sporanges (multi sporanges) ; le rhozoïde principal tubulaire ou souvent gonflé sous le col, col partiellement et étroitement rétréci. Entrée étroite ; les rhizoïdes sont répandus et allongés jusqu'à 240 μm ; la décharge suit après la décomposition d'une ou deux papilles, paroi constante, les zoospores sont sphériques à ovoïdes, 2,5-11,0 μm, uniflagellés, rarement deux à quatre flagelles, flagelle long 20-30 μm.

Monocentrique ; les sporanges sont allongés ; le rhizoïde principal est ramifié de façon filamenteuse, allongé jusqu'à 450 μm ; zoospores sphériques, 2,0-12,3 μm, uniflagellés, rarement deux à quatre flagelles.

L'isolat a été prélevé dans les excréments d'un yak *(Bos gruniens)*, conservé au ZOO de Skopje. Selon la clé de détermination des champignons anaérobies de Ho et Barr, 1995, la description de l'isolat correspond complètement à la description de *Piromyces mae*.

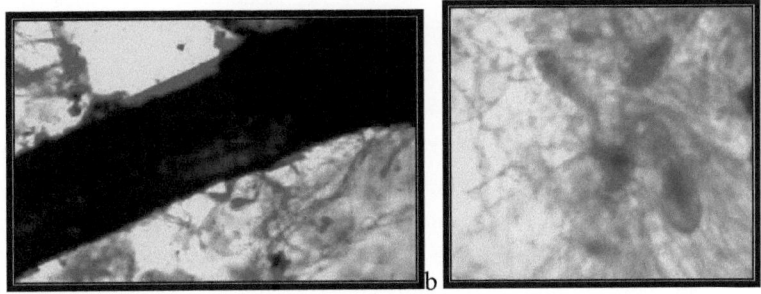

Figure 43. Souche J1- *Piromyces mae,* souche monocentrique.
    a- sporanges sur un morceau de paille digéré ; grossissement 10x ;
    b- grossissement 40x

2.5.18. Isoler J3

Neocallimastix frontalis (Braune) Vavra et Joyon ex I. B. Heath in Heath *et al.*
    Canad. J. Bot. 61 : 306, 1983. Fig. 20-25

    Callimastix frontalis Braune, Arch.Protistenk. 32:127, 1913.

=Neocallimastix patriciarum Orpin et E.A.Munn, Trans. Brit. Mycol. Soc. 86:180, 1986.

=Neocallimastix variabilis Y.W.Ho et D.J.S.Barr dans Ho *et al,* Mycotaxon
    46:242,1993.

LEKTOTIP. Isoler PN1 en laboratoire -Dr Geoff Gordon, Laboratory, CSIRO, Division of Animal production, PO Box 239, Blacktown, NSW 2148, Australia.

Sporangium endogène ou exogène, sphérique, 8,5-170.0 µm de diamètre, largement ellipsoïde à largement ovoïde, parfois irrégulier ; sporangium exogène de sporangiophores de différentes longueurs de plusieurs microns jusqu'à plus de 100 µm, parfois ramifié avec deux sporanges ; sporangium exogène généralement ellipsoïde en forme de poire ou ovoïde, de longueur variable de 10 µm à plus de 100 µm de longueur, parfois en forme de tuyau ou irrégulier ; les rhizoïdes partent principalement d'un axe, parfois deux ou trois du même côté du sporange, le col n'est pas rétréci ou est légèrement rétréci, l'axe principal a un diamètre de 20 µm près du sporange, il est largement répandu, le rhizoïde principal est souvent enroulé et les rhizoïdes individuels peuvent avoir des endroits fortement rétrécis ; Le système rhizoïde s'étend sur 1 mm de sporanges plus grands ; les zoospores sont libérées par le pore apical, ce qui s'accompagne d'une décomposition rapide et d'une fissuration de la paroi du sporange ; les zoospores sont de longueur et de forme variables, souvent avec une constriction équatoriale au début, puis ovoïdes à globulaires, les zoospores globulaires ont un diamètre de 7 à 22 µm avec sept à environ 30 flagelles, une longueur de 28 à 48 µm.

Zoosporanges développés de manière endogène, ovalement allongés ; les rhizoïdes proviennent principalement d'un axe, parfois deux ou trois du même côté du sporange, le col est large ; l'axe principal proche du sporange, jusqu'à 18 µm de diamètre, enroulé ; le rhizoïde principal est souvent tordu ; Le système rhizoïde s'étend jusqu'à 1 mm de diamètre, les zoospores sont libérées par le pore apical, ce qui s'accompagne d'une décomposition rapide et d'une fissuration de la paroi du sporange ; les zoospores sont de longueur et de forme variables, d'un diamètre de 5 à 18 µm, avec 7 à environ 30 flagelles.

L'isolat a été prélevé dans les excréments d'un yak *(Bos gruniens),* conservé au ZOO de Skopje. Selon la clé de détermination des champignons anaérobies de Ho et Barr, 1995, la description de l'isolat correspond tout à fait à la description de

Neocallimastix frontalis.

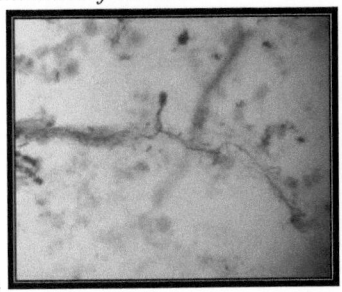
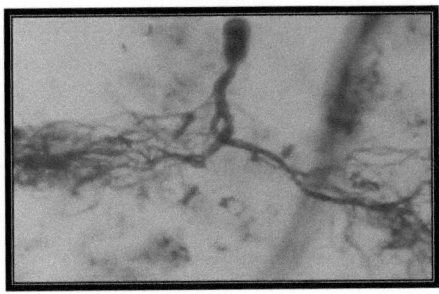

a

Figure 44. Souche J3- *Neocallimastix frontalis,* sporange sur un long sporangiophore, plein de spores.
a- grossissement 10x ; b- grossissement 40x

2.5.19. Isoler MR1

Neocallimastix frontalis (Braune) Vavra et Joyon ex I. B. Heath in Heath *et al.*
Canad. J. Bot. 61 : 306, 1983. Fig. 20-25

Callimastix frontalis Braune, Arch.Protistenk. 32:127, 1913.

=Neocallimastix patriciarum Orpin et E.A.Munn, Trans. Brit. Mycol. Soc. 86:180, 1986.

=Neocallimastix variabilis Y.W.Ho et D.J.S.Barr vo Ho *et al.,* Mycotaxon 46:242,1993.

LEKTOTIP. Isoler PN1 en laboratoire-Dr Geoff Gordon, Laboratory, CSIRO, Division of Animal production, PO Box 239, Blacktown, NSW 2148, Australia.

Sporangium endogène ou exogène, sphérique, 8,5-170.0 µm de diamètre, largement ellipsoïde, parfois irrégulier ; sporangium exogène de sporangiophores de différentes longueurs de plusieurs microns jusqu'à plus de 100 µm, parfois ramifié avec deux sporanges ; sporangium exogène généralement ellipsoïde en forme de poire ou ovoïde, variable en longueur de 10 µm à plus de 100 µm de longueur, parfois en forme de tuyau ou irrégulier ; les rhizoïdes partent principalement d'un axe, parfois deux ou trois du même côté du sporange, le col n'est pas rétréci ou est légèrement rétréci, l'axe principal a un diamètre de 20 µm près du sporange, il est largement ramifié, le rhizoïde principal est souvent enroulé et les rhizoïdes individuels peuvent avoir des endroits fortement rétrécis ; Les zoospores sont libérées par le pore apical, ce qui s'accompagne d'une décomposition rapide et d'une fissuration de la paroi du sporange ; les zoospores sont de longueur et de forme variables, souvent avec une constriction équatoriale au début et ensuite ovoïdes à globulaires, les zoospores globulaires de 7-22 µm de diamètre avec sept à environ 30 flagelles, de 28-48 µm de long.

 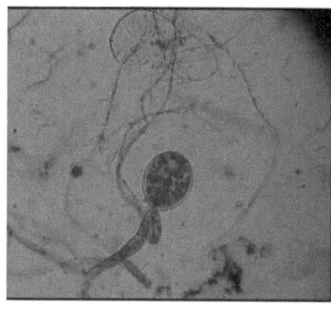

Figure 45. Souche MR1- *Neocallimastix frontalis,* sporange avec long sporangiophore, avec spores.

a- grossissement 10x ; b- grossissement 40x

Zoosporanges développés de manière endogène, sphériques avec un diamètre de 42 µm ; les rhizoïdes proviennent principalement d'un axe, occasionnellement deux ou trois du même côté du sporange, le col est large ; l'axe principal proche du sporange, jusqu'à 15 µm de diamètre, enroulé ; Le rhizoïde principal est souvent enroulé ; le système rhizoïde s'étend jusqu'à 1 mm de diamètre, les zoospores sont libérées par le pore apical, ce qui s'accompagne d'une décomposition rapide et d'une fissuration de la paroi du sporange ; les zoospores sont de longueur et de forme variables, souvent sphériques, avec 7 à environ 30 flagelles.

L'isolat provient des excréments d'un mouflon *(Ovis musimon),* gardé dans la réserve naturelle protégée de Jasen, Skopje. Selon la clé de détermination des champignons anaérobies de Ho et Barr, 1995, la description de l'isolat correspond tout à fait à la description de *Neocallimastix frontalis.*

Tableau 10. Résumé des souches déterminées.

Animal	Isolate	Phylum
Fallow deer (*Cervus dama*)	EZ1	*Neocallimastix frontalis*
Fallow deer (*Cervus dama*)	EZ2	*Neocallimastix frontalis*
Fallow deer (*Cervus dama*)	EZ3	*Neocallimastix spp.*
Fallow deer (*Cervus dama*)	EJ1	*Neocallimastix spp.*
Roe deer (*Capreolus capreolus*)	SZ1	*Piromyces mae*
Roe deer (*Capreolus capreolus*)	SJ1	*Piromyces mae*
Fallow deer (*Cervus dama*)	EJ2	*Piromyces communis*
Fallow deer (*Cervus dama*)	EJ3	*Piromyces minutus*
Fallow deer (*Cervus dama*)	EJ4	*Piromyces mae*
Roe deer (*Capreolus capreolus*)	SJ2	*Piromyces minutus*
Cattle (*Bos indicus*)	Z2	*Neocallimastix frontalis*
Llama (*Lama glama*)	L2	*Anaeromyces spp.*
Yak (*Bos gruniens*)	J2	*Anaeromyces elegans*

Animal	Isolate	Phylum
Watusi (*Bos vatusi*)	V4	Polycentric genus
Barbary sheep (*Ammotragus lervia*)	BO3	*Piromyces mae*
Red deer (*Cervus elaphus*)	ES1	*Piromyces citronii*
Yak (*Bos gruniens*)	J1	*Piromyces mae*
Yak (*Bos gruniens*)	J3	*Neocallimastix frontalis*
Moufflon (*Ovis musimon*)	MR1	*Neocallimastix frontalis*

RÉFÉRENCES

1. Akin, D. E. (1987). Utilisation de la chitinase pour déterminer les champignons du rumen avec des tissus végétaux in vitro. *Appl Environ Microbiol* **53**. 1955-1958.

2. Akin, D. E., Borneman, W. S., Lyon, C. E. (1990). Degradation of leaf blades and stems by monocentric and polycentric isolates of ruminal fungi. *Anim Feed Sci Technol* **31**.205-221.

3. Akin, D. E., Borneman, W. S., Windham, W. R. (1988). Rumen fungi : morphological types from Georgia cattle and the attack on forage cell walls. *BioSystems* **21**.385-391.

4. Akin, D. E., Gordon, G. L. R., Hogan, J. P. (1983). Rumen bacterial and fungal degradation of *Digitaria pentzii* grown with or without sulfur. *Appl Environ Microbiol* **46**.738-748.

5. Argyle, J. L., Douglas, L. (1989). Chitin as fungal marker. In *The roles of protozoa and fungi in ruminant digestion*. (eds. J. V. Nolan, R. A. Leng, D. I. Demeyer). pp. 289-290. Penambul Books, Armidale, Nouvelle-Galles du Sud, Australie.

6. Asoa, N., Ushida, K., Kojima, Y. (1993). Proteolytic activity of rumen fungi belonging to the genera *Neocallimastix* and *Piromyces*. *Lett Appl Microbiol* **16**.247-250.

7. Attenborough, D. (1990). *The Trials of Life*, pp. 163-184. Collins : Londres.

8. Babel, F. J. (1977). Antibiose par les bactéries de culture lactique. *J. Dairy Sci.* **60**:815821.

9. Barichievich, E. M., Calza, R. E. (1990). Media carbon induction of extracellular cellulase activities in *Neocallimastix frontalis* EB188. *Curr*

Microbiol **20**. 265-271.

10. Barichievich, E. M., Calza, R. E. (1990a). Supernatant protein and cellulase activities of the anaerobic ruminal fungus *Neocallimastix frontalis* EB188. *Appl Environ Microbiol* **56**.43-48.

11. Barr, D. J. S. (1983). The zoosporic grouping of plant pathogens. In *Zoosporic plant pathogens*. (ed. T. Buczacki). Pp. 161-192. Academic Press : Londres.

12. Barr, D. J. S. (1988). Comment la systématique moderne se rapporte aux champignons du rumen. *BioSystems* **21**. 351-356.

13. Barr, D. J. S., Kudo, H., Jakober, K. D., Cheng, K. J. (1989). Morphologie et développement des champignons du rumen : *Neocallimastix* sp., *Piromyces communis* et *Orpinomyces bovis* gen. nov. sp. nov. *Can JBot* **67**. 2815-2824.

14. Bauchop, T. et Clarke, R. T. (1977). *Microbial Ecology of the Gut*. Academic Press : Londres.

15. Bauchop, T. (1979a). Champignons anaérobies du rumen des bovins et des ovins. *Appl Environ Microbiol* **38**. 148-158.

16. Bauchop, T. (1979b). Les champignons anaérobies du rumen : colonisateurs des fibres végétales. *Ann Rech Vet* **10**. 246-248.

17. Bauchop, T. (1980). La microscopie électronique à balayage dans l'étude de la digestion microbienne des fragments de plantes dans l'intestin. Dans *Contemporary Microbial Ecology*. (ed. D. C. Ellwood, J. N. Hedger, M. J. Latham et al.). pp. 305-326. Academic Press : Londres.

18. Bauchop, T. (1983). The gut anaerobic fungi : colonisers of dietary fibre. In *Fibre in Human and Animal Nutrition* (eds. G. Wallace, L. Bell). pp. 143-148. Wellington, Nouvelle-Zélande : Royal Society of New Zealand.

19. Bauchop, T. (1989). Biologie des champignons anaérobies intestinaux. *BioSystems* **23**. 53-64.

20. Bauchop, T., Mountfort, D. O. (1981). Cellulose fermentation by a rumen anaerobic fungus in both the absence and presence of rumen methanogens. *Appl Environ Microbiol* **42**. 1103-1110.

21. Becker, E. R. & Hsuing, T. S. (1929). The method by which ruminants acquire their fauna of infusoria and remarks concerning experiments on host specificity of these protozoa. *Proceedings of the National Academy of Sciences, USA* **15**. 684-690.

22. Bernalier, A., Fonty, G. et Gouet, P. (1988). Degradation et fermentation de la cellulose par *Neocallimastix* sp. MCH3 seul ou associe' a quelques espe'ces bacteriennes du rumen. *Reprod. Nutr. Dev.* **28**(Suppl. 1):75-76.

23. Biely, P. (1985). Systèmes xylanolytiques microbiens. *Trends Biotechnol* **3**. 286-290.

24. Body, D. R., Bauchop, T. (1985). Lipid composition of the obligately anaerobic fungus *Neocalimastix frontalis* isolated from a bovine rumen. *Can J Microbiol* **31**. 463-466.

25. Boisset, C., Fraschini, C., Schulein, M., Henrissat, B., Chanzy, H. (2000). L'imagerie de la digestion enzymatique de rubans de cellulose bactérienne révèle le caractère endo de la cellobiohydrolase Cel6a de *Humicola insolens* et son mode de synergie avec la cellobiohydrolase Cel7a. *Appl Environ Microbiol* **66**(4) : 1444-52.

26. Borneman, W. S., Akin, D. E., Ljungdahl, L. G. (1989). Fermentation products and plant cell wall degrading enzymes produced by monocentric and polycentric anaerobic ruminal fungi. *Appl Environ Microbiol* **55**. 1066-1073.

27. Borneman, W. S., Hartley, R. D., Morrison, W. H., Akin, D. E., Ljungdahl, L.

G. (1990). Feruloyl and *p-coumaroyl* esterase from anaerobic fungi in relation to plant cell wall degradation. *Appl Microbiol Biotechnol* **33**. 345-351.

28. Borneman, W. S., Ljungdahl, L. G., Hartley, R. D., Akin, D. E. (1991). Isolation et caractérisation de la *p-coumaroyl* estérase de la souche anaérobie MC-2 de *Neocallimastix*. *Appl Environ Microbiol* **57**. 2337-2344.

29. Borneman, W. S., Ljungdahl, L. G., Hartley, R. D., Akin, D. E. (1992). Purification et caractérisation partielle de 2 feruloyl estérases du champignon anaérobie *Neocallimastix* souche MC-2. *Appl Environ Microbiol* **58**. 3762-3766.

30. Bovee, E. C. (1961). Protozoaires inquiliniques de gastéropodes d'eau douce. II. *Callimastix jolepsi* n. sp. de l'intestin de l'escargot pulmoné d'eau douce, *Helisoma duryi* Say, en Floride. *Quart J Florida Acad Sci* **24**. 208-214.

31. Braune, R. (1913). Untersuchungen über die in Wiederkäuermayen vorkommenden Protozoen. *Arch Protistenk* **32**.111-170.

32. Breton, A., Bernalier, A., Bonnemoy, F., Fonty, G., Gaillard, B., Gouet, Ph. (1989). Caractérisation morphologique et métabolique d'une nouvelle espèce de champignon du rumen strictement anaérobie : *Neocallimastix joyonii*. *FEMS Microbiol Lett* **58**. 309-314.

33. Breton, A., Bernalier, A., Dusser, M., Fonty, G., Gaillard-Martinie, B., Guillot, J. (1990). *Anaeromyces mucronatus* nov. gen., nov. sp. Un nouveau champignon du rumen strictement anaérobie à thalle polycentrique. *FEMS Microbiol Lett* **70**. 177-182.

34. Brookman, J. L., Ozkose, E., Rogers, S., Trinci, A. P., Theodorou, M. K. (2000a). Identification of spores in the polycentric anaerobic gut fungi which enhance their ability to survive. *FEMS Microbiology Ecology* **31**. 261-267.

35. Bryant, M. P. (1972). Commentaire sur la technique de hungate pour la culture

des bactéries anaérobies. *Am J Clin Nutr* **25.** 1324-1328.

36. Brugerolle, G. (1972). Caractérisation ultrastructurale et citochimique de deux types de granules cytoplasmiques chez les *Trichomonas*. *Protistologica* **8.** 353363.

37. Caldwell, D.R. & Bryant, M.P. (1966). Medium without rumen fluid for nonselective enumeration and isolation of rumen bacteria (Milieu sans liquide de rumen pour le dénombrement et l'isolement des bactéries du rumen). *Appi. Microbiol.* **14.**794.

38. Calza, R. E. (1991a). Synthèse naissante et sécrétion de la cellobiase chez *Neocallimastix frontalis* EB188. *Curr Microbiol* **23.** 175-180.

39. Chen, H., Li, X., Ljungdahl, L. G. (1994). Isolation et propriétés d'une ^- *glucosidase* extracellulaire du champignon polycentrique du rumen *Orpinomyces* sp. souche PC-2. *Appl Environ Microbiol* **60.** 64-70.

40. Church, D. C. (1969). *Physiologie digestive et nutrition des ruminants,* pp. 58-99. Oregon State University Bookstores Inc. Oregon, U.S.A.

41. Clarke, A.J. (1997). Biodégradation de la cellulose. *Enzymologie et Biotechnologie* 1-21.

42. Coughlan, M. P. (1990). Cellulose degradation by fungi. In *Microbial Enzymes and Biotechnology*. (eds. W. M. Fogarty, C. T. Kelly). pp. 1-36. Elsevier Applied Science : London, UK.

43. Davies, D. R., Theodorou, M. K., Lawrence, M. I. & Trinci, A. P. J. (1993). Distribution of anaerobic fungi in the digestive tract of cattle and their survival in faeces. *Journal of General Microbiology* **139**, 1395-1400.

44. Davies, D. R., Theodorou, M. K., Trinci, A. P. J. (1990). Champignons

anaérobies dans le tube digestif et les fèces de bœufs en croissance : preuve d'une troisième étape dans leur cycle de vie. *4th Congrès international de mycologie,* Ratisbonne, Allemagne.

45. Dehority, B. A. & Scott, H. W. (1967). Extent of cellulase and hemicellulase digestion in various forages by pure cultures of rumen bacteria. *Journal of Dairy Science* **50**. 1136-1141.

46. Dehority, B. A., Varga, G. A. (1991). Bacterial and fungal numbers in ruminal and caecal contents of the Blue Duiker *(Cephalus montícola)*. *Appl Environ Microbiol* **57**. 469-472.

47. Dehority, B. A. & Tirabasso, P. A. (2000). Antibiose entre les bactéries et les champignons du rumen. *Appl Environ Microbiol,* **66** (7). 2921-2927.

48. Denman, S., Xue, G. P., Patel, B. (1996). Caractérisation d'un ADNc de cellulase de *Neocallimastix patriciarum* (cel A) homologue à la cellobiohydrolase II de *Trichoderma reesei. Appl Environ Microbiol* **62**. 1889-1896.

49. Doré, J., Stahl, D. A. (1991). Phylogénie des *Chytridiomycetes* du rumen anaérobie d'après la comparaison des séquences de la petite sous-unité de l'ARN ribosomal. *Can J Bot* 69. 1964-1971.

50. Eadie, J. M. (1962). The development of rumen microbial populations in lambs and calves under various conditions of management. *Journal of General Microbiology* **29**. 563-578.

51. Fonty, G. Gouet, P. H., Jouanny, J. P., Senaud, F. (1987). Établissement de la microflore et des champignons anaérobies dans le rumen des agneaux. *J Gen Microbiol* **133**. 1835-1843.

52. France, J., Theodorou, M. K., Davies, D. (1990). The use of zoospore concentrations and life cycle parameters in determining the population of

anaerobic fungi in the rumen ecosystem. *J Theor Biol* **147**. 413-422.

53. Gaillard, B., Breton, A., Bernalier, A. (1989). Etude du cycle nucléaire de quatre espèces de champignons du rumen strictement anaérobies par microscopie à fluorescence. *Current Microbiol* **19**. 103-107.

54. Gaillard, B., Citron, A. (1989). Etude ultrastructurale de deux champignons du rumen : *Piromonas communis* et *Sphaeromonas communis*. *Curr Microbiol* **18**. 8386.

55. Gaillard-Martinie, B., Breton, A., Dusser, M., Guillot, J. (1992). Contribution à la caractérisation morphologique, cytologique et ultrastructurale de *Piromyces mae,* un champignon du rumen strictement anaérobie. *Curr Microbiol* **24**. 159164.

56. Garcia-Campayo, V., Wood, T. M. (1993). Purification et caractérisation d'une ^-D-xylosidase du champignon anaérobie du rumen *Neocallimastix frontalis*. *Carbohydr Res* **242**. 229-245.

57. Gardner, K. H., Blackwell, J. (1974). The hydrogen bonding in cellulose. *Biochim Biophys Acta* **343**. 232-237.

58. Geertman, E. J. M. (1992). Potential biotechnological applications of an artificial rumen system (Applications biotechnologiques potentielles d'un système de rumen artificiel). Thèse de doctorat, Université de Nimègue, Nimègue, Pays-Bas.

59. Gilbert, H. J., Hazlewood, G. P. (1991). Modification génétique de la digestion des fibres. *Proc Nutr Soc* 50. 173-186.

60. Gold, J. J., Heath, I. B., Bauchop, T. (1988). Description ultrastructurale d'un nouveau genre de chytride anaérobe du caecum, *Caecomyces equi* gen. nov, sp. nov, attribué aux Neocallimasticaceae. *BioSystem* **21**. 403-415.

61. Gordon, G. L. R., Phillips, M. W. (1992). Extracellular pectin lyase produced by *Neocallimastix* sp. LM1 : a rumen anaerobic fungus. *Lett Appl Microbiol* **15**. 113-115.

62. Gottschalk, G. (1985). *Bacterial metabolism.* 2nd edn. Springer, Berlin, Heidelberg : New York.

63. Grenet, E., Barry, P. (1988). Colonisation des tissus végétaux à parois épaisses par des champignons anaérobies. *Anim Feed Sci Technol* **19**. 25-31.

64. Grenet, E., Breton, A., Fonty, G., Barry, P., Re'mond, B. (1988a). Influence du re'gime alimentaire sur la population fongique anae'robie du rumen. *Reprod. Nutr. Dev.* **28**:127-128.

65. Gulati, S. K., Ashes, J. R., Gordon, G. L. R., et al. (1989). Nutritional availability of amino acids from the rumen anaerobic fungi *Neocallimastix* sp. LM1 in sheep. *J Agri Sci Cambr* **113**. 383-387.

66. Heath, I. B. (1976). Ultrastructure des phycomycètes d'eau douce. In *Recent Advances in Aquatic Mycology.* (ed E. B. J. Jones). pp. 603-650. Paul Elek Press : Londres.

67. Heath, I. B. (1988). Recommandation pour les études taxonomiques futures des champignons intestinaux. *BioSystem* **21**. 417-418.

68. Heath, I. B., Bauchop, T., Skipp, R. A. (1983). Assignment of the rumen anaerobe *Neocallimastix frontalis* to the Spizellomycetales (Chytridiomycetes) on the basis of its polyflagellate zoospore ultrastructure. *Can J Bot* **61**. 295307.

69. Hébraud, M., Fèvre, M. (1988), Caractérisation des glycosides et de l'eau de mer.   Polysaccharidehydrolasessecrétées par les champignons anaérobies du rumen

Neocallimastix frontalis, Sphaeromonas communis et Piromonas communis. J Gen Microbiol **134** : 1123-1129.

70. Hébraud, M., Fèvre, M. (1990), Purification et caractérisation d'une ß-xylosidase extracellulaire du champignon anaérobie du rumen Neocallimastix frontalis. FEMS Microbiol Lett **72**. 11-19.

71. Ho, Y. W., Abdullah, N., Jalaludin, S. (1988a). Colonization of guinea grass by anaerobic rumen fungi in swamp buffalo and cattle (Colonisation de l'herbe de guinée par des champignons anaérobies du rumen chez les buffles et les bovins des marais). Anim Feed Sci Technol **22**.161-172.

72. Ho, Y. W., Abdullah, N., Jalaludin, S. (1988a). Colonization of guinea grass by anaerobic rumen fungi in swamp buffalo and cattle (Colonisation de l'herbe de guinée par des champignons anaérobies du rumen chez les buffles et les bovins des marais). Anim Feed Sci Technol **22**.161-172.

73. Ho, Y. W., Abdullah, N., Jalaludin, S. (1988b). Penetrating structures of anaerobic rumen fungi in cattle and swamp buffalo. J Gen Microbiol **134**. 177181.

74. Ho, Y. W., Barr, D. J. S., Abdullah, N., Jalaludin, S., Kudo, H. (1993a). A new species of Piromyces from the rumen of deer in Malaysia. Mycotaxon **47**. 285293.

75. Ho, Y. W., Barr, D. J. S., Abdullah, N., Jalaludin, S., Kudo, H. (1993c). Neocallimastix variabilis, une nouvelle espèce de champignon anaérobie du rumen des bovins. Mycotaxon **46**. 241-258.

76. Ho, W.Y., Barr,D.J.S (1995). Classification of anaerobic gut fungi from herbivores with emphasis on rumen fungi from Malaysia. Mycologia **87(5)**. 655-677.

77. Ho, Y. W., Khoo, I. Y. S., Tan, S. G., Abdullah, N., Jalaludin, S., Kudo, H.

(1994b). Izozyme analysis of anaerobic rumen fungi and their relationship to aerobic chytrids. *Mycrobiology* **140**. 1495-1504.

78. Ho, Y. W., Bauchop, T., Abdullah, N., Jalaludin, S. (1990). *Ruminomyces elegans* gen. et sp. nov, un champignon polycentrique anaérobie du rumen des bovins. *Mycotaxon* **38**. 397-405.

79. Hobson, P. N. & Wallace, R. J. (1982). Microbial ecology and activities in the rumen, part I. *Critical Reviews in Microbiology* **9**, 165-225.

80. Hobson, P. N. (1971). Rumen micro-organisms. *Progress in Industrial Microbiology* **9**, 42-77.

81. http://www.fibersource.com/f-tutor/cellulose.htm#chemistry ; 2005.01.16

82. Hsuing, T. S. (1929). A monograf on the protozoa of the large intestine of the Horse. *Iowa State Coll J Sci* **4**. 359-343.

83. Hungate, R. E. (1966). *Le rumen et ses microbes.* Academic Press : Londres.

84. Hungate, R. E. (1969). A roll-tube method for the cultivation of stict anaerobes. *Methods Microbiol* **3B**. 117-132.

85. Jeffries, T. W. (1990). Biodegradation of lingo-carbohydrate complexes. *Biodegradation* **1.** 163-167.

86. Jensen, E. H. C., Hammond, D. M. (1964). A morphological study of trichomonads and related flagellates from the bovine digestive tract. *J Protozool* **11**. 386-394.

87. Joblin, K. N., Matsui, H., Naylor, G. E., Ushida, K. (2002). Degradation of fresh ryegrass by methanogenic co-cultures of ruminal fungi grown in the presence or absence of *Fibrobacter succinogenes. Curr Microbiol* **45**. 46-53.

88. Kamra, D. N. (2005). Écosystème microbien du rumen. *Current Science* **89**. N° 1. 124-135.

89. Karling, J. S. (1978). *Chytriomycetarum icongraphia : guide illustré et descriptif des genres chytridiomycètes avec un supplément sur les hyphochytridiomycètes.* J Cramer, Monticello : New York.

90. Kemp, P., Jordan, D. J., Orpin, C. G., (1985). The free- and protein-amino acids of the rumen phycomycete fungi *Neocallimastix frontalis* and *Piromonas communis. J Agri Sci Cambr* **105**. 523-526.

91. Kemp, P., Lander, D., Orpin, C. G. (1984). The lipids of the anaerobic rumen fungus Piromonas communic. *J Gen Microbiol* **130**. 27-37.

92. Kerscher, L., Oesterhelt, D. (1982). Pyrivate : ferredoxine oxydoréductase - nouvelles découvertes sur une enzyme ancienne. *Trends Biochem Sci* **7**. 371-374.

93. Kirk, T. K. (1971). Effet des micro-organismes sur la lignine. *Annu Rev Phytopathol* **9**. 185-210.

94. Koch, W. J. (1968). Études des cellules mobiles des chytrides. IV. Planonts in the experimental taxonomy of aquatic Phycomyces. *J. Elisha Mitchell Sci. Soc.* **84**. 69-83.

95. Latham, M. J. (1980). Adhesion of rumen bacteria to plant cell walls. In *Microbial Adhesion to Surfaces*, (ed. R. C. W. Berkeley, J. M. Lynch, J. Melling, P. R. Rutter & B. V. Vincent), pp. 339-350. Ellis Horwood : Chichester.

96. Latham, M. J., Brooker, B. E., Pettipher, G. L. & Harris, P. J. (1978). *Ruminococcus flavefaciens cell* coat and adhesion to cotton cellulose and to cell walls in leaves of perennial ryegrass (*Lolium perenne*). *Applied and Environmental Microbiology* **35**. 156-165.

97. Lawrence, M. I. (1993). *Étude des champignons anaérobies isolés chez les ruminants et les herbivores monogastriques.* Thèse de doctorat, Université de Manchester, Manchester.

98. Lee, S., S., Ha, J. K., Cheng, K. J. (2000). Relative contributions of bacteria, protozoa and fungi to in vitro degradation of orchad grass cell walls and their interactions (Contributions relatives des bactéries, protozoaires et champignons à la dégradation in vitro des parois cellulaires de l'orchidée et leurs interactions). *Appl Environ Microbiol* **66**.3807-3813.

99. Leedle, J. A. Z., Hespell, R. B. (1980). Differential carbohydrate media and anaerobic replica plating techniques in delineating carbohydrate utilizing subgroups in rumen bacterial populations. *Appl Environ Microbiol* **39**.709-719.

100. Li, J., Heath, I. B. (1992). The phylogenetic relationships of the anaerobic Chytridiomycetous gut fungi (*Neocallimasticaceae*) and the Chytridiomycota I : cladistic analysis of rRNA sequences. *Can JBot* **70**.1738-1746.

101. Li, J., Heath, I. B., Bauchop, T. (1990). *Piromyces mae* et *Piromyces dumbonica*, deux nouvelles espèces de champignons chytridiomycètes anaérobies uniflagellés provenant de l'intestin postérieur du cheval et de l'éléphant. *Can JBot* **68**. 1021-1033.

102. Li, J., Heath, I. B., Bauchop, T., Packer, L. (1993). The phylogenetic relationships of the anaerobic Chytridiomycetous gut fungi (*Neocallimasticaceae*) and the Chytridiomycota II : cladistic analysis of structural data description of Neocallimasticales ord. nov. *Can J Bot* **71**. 393407.

103. Li, X.-L., Calza, R. E. (1991). Cellulases de *Neocallimastix frontalis* EB 188 synthétisées en présence d'inhibiteurs de glycosylation : mesure des optima de pH et de température, sensibilité aux protéases et aux ions. *Appl Microbiol Biotechnol* **35**. 741-747.

104. Liebetanz, E. (1910). Die parasitischen Protozoen des Wiederkäuermagens. *Arch Protistenk* **19**. 19-80.

105. Lin, K. W., Patterson, J. A. & Ladisch, M. R. (1985). Fermentations anaérobies : Microbes from ruminants. *Enzymes and Microbial Technology* **7**, 98-107.

106. Lindmark, D. G. (1980). Métabolisme énergétique du protozoaire anaérobie *Giardia lamblia*. *Mol Biochem Parasitol* **1**. 1-12.

107. Lindmark, D. G., Muller, M. (1973). Hydrogenosome, un organite cytoplasmique du flagellé anaérobie *Tritrichomonas foetus*, et son rôle dans le métabolisme du pyruvate. *J Biol Chem* **248**. 7724-7728.

108. Lo, H-S., Reeves, R. (1978). Piryvate-to-ethanol pathway in *Entamoeba histolytica*. *Biochem J* **171**. 225-230.

109. Lowe, S. E., Theodorou, M. K., Trinci, A. P. J., Hespell, R. B. (1985). Growth of anaerobic rumen fungi on defined and semi-defined media lacking rumen fluid. *J Gen Microbiol* **131**. 2225-2229.

110. Lowe, S. E., Griffith, G. W., Milne, A. et al. (1987). The life cycle and growth kinetics of anaerobic rumen fungus. *J Gen Microbiol* **133**. 18151827.

111. Lowe, S. E., Theodorou, M. K., Trinci, A. P. J. (1987b). Growth and fermentation of anaerobic rumen fungus on various carbon sources and effect of temperature on development. *Appl Environ Microbiol* **53**.1210-1215.

112. Lowe, S. E., Theodorou, M. K., Trinci, A. P. J. (1987c). Cellulases et xylanase d'un champignon anaérobie du rumen cultivé sur de la paille de blé, de l'holocellulose de paille de blé, de la cellulose et du xylane. *Appl Environ Microbiol* **53**.1216-1223.

113. Lowe, S. E., Theodorou, M. K., Trinci, A. P. J. (1987d). Isolation of anaerobic fungi from saliva and feces of sheep. *J Gen Microbiol* **133**. 18291834.

114. Mandels, M. (1986). Application des cellulases. *Biotech Bioeng Symp* **13**. 414416.

115. Mann, S. O. (1963). Some observation on the airborne dissemination of rumen bacteria. *J Gen Microbiol* **33**:ix.

116. McNeil, M., Darvill, A. G., Fry, S. C., Albersheim, P. (1984). Structure et fonction des parois cellulaires primaires des plantes. *Annu Rev Biochem* **53**. 625-664.

117. Michel, V., Fonty, G., Millet, L., Bonnemoy, F., Gouet, Ph. (1993). Etude *in vitro* de l'activité protéolytique des champignons anaérobies du rumen. *FEMS Microbiol Lett* **110**.5-10.

118. Miller, T. L., Wolin, M. J. (1974). Modification de la technique de hungate pour la culture des anaérobies obligatoires à l'aide d'une bouteille de sérum. *Appl Microbiol* **27**. 985-987.

119. Milne, A., Theodorou, M. K., Jordan, M. G. C., King-Spooner, C., Trinci, A. P. J. (1989). Survival of anaerobic fungi in feces, in saliva, and in pure culture. *Exp Mycol* **13**. 27-37.

120. Mora, F., Comtat, J., Barnoud, F., Pla, F., Noe, P. (1986). Action des xylanases sur les fibres de pâte chimique. Part I. Investigations on cell-wall modifications. *J Wood Chem Technol* **6**. 147-165.

121. Mountfort, D. O., Asher, R. A. (1988). Production d'*a-amylase* par le champignon anaérobie ruminal *Neocallimastix frontalis*. *Appl Environ Microbiol* **54**.2293-2299.

122. Mountfort, D. O., Asher, R. A. (1989). Production de xylanase par le champignon anaérobie ruminal *Neocallimastix frontalis*. *Appl Environ Microbiol* **55**.10161022.

123. Munn, E. A. (1994). L'ultrastructure des champignons anaérobies. In *The anaerobic fungi*. (eds. C. G. Orpin, D. O. Mountfort, D. O.). pp 47-105. Marcel Dekker : New York.

124. Munn, E. A., Orpin, C. G., Greenwood, C. A. (1988). The ultrastructure and possible relationships of four obligate anaerobic chytridiomycete fungi from the rumen of sheep. *BioSystem* **21**. 67-82.

125. Munn, E. A., Orpin, C. G., Hall, F. J. (1981). Ultrastructural studies of the free zoospore of the rumen phycomycete *Neocallimastix frontalis*. *J Gen Microbiol* **125**. 311-323.

126. Nicholson, M. J., Theodorou, M. K., Brookman, J. L. (2005). Molecular analysis of the anaerobic rumen fungus *Orpinomyces* - insights into an AT-rich genome. *Microbiology* **151**. 121-133.

127. O'Fallon, J. V., Wright, R. W., Calza, R. E. (1991). Glucose metabolic pathways in the anaerobic rumen fungus *Neocallimastix frontalis* EB 188. *Biochem J* **247**. 595-599.

128. Orpin, C. G. (1961). Isolation of cellulolytic phycomycete fungi from the caecum of the horse. J Cen Microbiol 123. 287-296.

129. Orpin, C. G. (1975). Etudes sur le flagellé du rumen *Neocallimastix frontalis*. *J Gen Microbiol* **91**.249-262.

130. Orpin, C. G. (1976). Études sur le flagellé du rumen *Sphaeromonas communis*. *J Gen Microbiol* **94**. 270-280.

131. Orpin, C. G. (1977). The occurrence of chitin in the cell walls of the rumen organisms *Neocallimastix frontalis, Piromonas communis* and *Sphaeromonas communis. J Gen Microbiol* **99.** 215-218.

132. Orpin, C. G. (1977a). Invasion of plant tissue in the rumen by the flagellate *Neocallimastix frontalis. J Gen Microbiol* **98.** 423-430.

133. Orpin, C. G. (1977b). The rumen flagellate *Piromonas communis* : its life history and invasion of plant material in the rumen. *J Gen Microbiol* **99.** 107117.

134. Orpin, C. G. (1978). Carbohydrate fermentation in a defined medium by the rumen phycomycete *Neocallimastix frontalis. Proc Soc Gen Microbiol* **7.** 3132.

135. Orpin, C. G. (1981a). Fungi in ruminant nutrition. In *Degradation of Plant Cell Wall Material.* pp. 36-47. Conseil de la recherche agricole : Lindon.

136. Orpin, C. G. (1981b). Isolation of cellulolytic phycomycete fungi from the caecum of the horse. *J Gen Microbiol* **123.** 287-296.

137. Orpin, C. G. (1983/84). The role of ciliate protozoa and fungi in the rumen digestion of plant cell walls. *Anim Feed Sci Technol* **10.** 121-143.

138. Orpin, C. G. (1988). Nutrition andbiochemistry of anaerobic Chytridiomycètes. *BioSystems* **21.** 365-370.

139. Orpin, C. G., Greenwood, Y. (1986). Nutrition et germination du phycomycète du rumen *Neocallimastix patriciarum. Trans Br Mycol Soc* **86.** 178-181.

140. Orpin, C. G., Joblin, K. N. (1988). The rumen anaerobic fungi. In *The rumen microbial ecosystem* (ed. P. N. Hobson). pp 129-150. Elsevier : Londres.

141. Orpin, C. G., Letcher, A. J. (1979). Utilisation de la cellulose, de l'amidon, du xylane et d'autres hémicelluloses pour la croissance du phycomycète du rumen *Neocallimastix frontalis. Current microbiol* **3**. 121-124.

142. Orpin, C. G., Mathiesen S. D., Greenwood, Y., Blix, A. (1985). Seasonal changes in the ruminal microflora of the high-arctic Svalbard reindeer *(Rangifer tarandus platyrhynchus). Appl Environ Microbiol* **50**.144-151.

143. Orpin, C. G., Mathiesen, S. D., Greenwood, Y., Blix, A. S. (1986). Seasonal changes in the rumen microflora of the Svalbard reindeer *(Rangifer tarandus platyrhynchus). Appl Environ Microbiol* **50**.144-151.

144. Orpin, C. G., Munn, E. A. (1986). *Neocallimastix patriciarum* sp. nov, un nouveau membre des Neocallimasticaceae habitant le rumen des moutons. *Trans Br Mycol Soc* **86** : 178-181.

145. Ozkose, E., Thomas, B. J., Davies, D. R., Griffith, G. W., Theodorou, M. K. (2001). *Cyllamyces aberensis* gen.nov. sp.nov. un nouveau champignon anaérobie de l'intestin avec des sporangiophores ramifiés isolé chez les bovins. *Can. J. Bot.* **79** : 666-673.

146. Paice, M. G., Bernier, R. Jr, Jurasek, L. (1988). Viscosity-enhancing bleaching of hardwood Kraft pulp with xylanase from a cloned gene (blanchiment de la viscosité de la pâte kraft de bois dur avec la xylanase d'un gène cloné). *Biotechnol Bioeng.* **32**. 235-239.

147. Patton, R. S., Chandler, P. T. (1975). In vivo digestibility evaluation of chitinous materials. *J Dairy Sci* **58**. 1945-1958.

148. Pearce, B. D., Bauchop, T. (1985). Glycosidases of the rumen anaerobic fungus *Neocallimastix frontalis* grown on cellulosic substrates. *Appl Environ Microbiol* **49**.1265-1269.

149. Pfyffer, G. E., Boraschi-Gaia, C., Weber B., et al. (1990). Un rapport supplémentaire sur la présence d'alcools acycliques dans les champignons. *Mycol Res* **94**. 219-222.

150. Pfyffer, G. E., Pfyffer, B. U., Rast, D. M. (1986). The polyol pattern, chemotaxonomy and phylogeny of the fungi. *Sydowia* **39**. 160-202.

151. Pfyffer, G. E., Rast, D. M. (1980). The polyol pattern of some fungi not hitherto investigated for sugas alcohols. *Exp Mycol* **4**. 160-170.

152. Phillips, M. W. (1989). Unusual rumen fungi isolated from northern Australian cattle and water buffalo. In *The roles of protozoa and fungi in ruminant digestion* (eds. J. V. Nolan, R. A. Leng, D. I. Demeyer). pp. 247-250. Penambul Books, Armidale : New South Wales.

153. Phillips, M. W., Gordon, G. L. R. (1988). Sugar and polysaccharide fermentation by anaerobic fungi from Australia, Britain and New Zealand. *BioSystems* **21**. 377-383.

154. Phillips, M. W., Gordon, G. L. R. (1989). Growth characteristics on cellobiose of three different anaerobic fungi isolated from the ovine rumen. *Appl Environ Microbiol* **55**. 1695-1702.

155. Pirt, S. J. (1975). *Principes de la culture des microbes et des cellules.* Blackwell Scientific Publication : Oxford.

156. Preston, R. D. (1974). The physiology of plant cell walls. Chapman and Hall : Londres, Royaume-Uni.

157. Rast, D. M., Pfyffer, G. E. (1989). Acyclic polyols and higher taxa of fungi. *Bot J Linn Soc* **99**. 39-57.

158. Rees, D. A., Morris, E. R., Thom, D., Madden, J. K. (1982). Shapes and

interactions of cabohydrate chains. *Polysaccharides* **1**. 195-290.

159. Reymond, P., Geourjon, C., Roux, B., et al. (1991). Sequence of the phosphoenolpyruvate carboxylase-encoding cDNA from the rumen anaerobic fungus *Neocallimastix frontalis* : comparison of the amino acid sequence with animals and yeast. *Gene* **110**. 57-63.

160. Richmond, P. A. (1991). Occurrence et fonction de la cellulose native. In *Biosynthèse et biodégradation de la cellulose.* (eds. C. H. Haigler, P. J. Weimer). pp. 5-23. Marcel Dekker : New York, États-Unis.

161. Roger, V., Grenet, E., Jamot, J., Bernalier, A., Fonty, G., Gouet, P. (1992). Dégradation de la tige de maïs par deux espèces fongiques du rumen, *Piromyces communis* et *Caecomyces communis,* en cultures pures ou en association avec des bactéries cellulolytiques. *ReprodNutr Dev* **32**. 321-329.

162. Saddler, J. N. (1993). Bioconversion of forest and agricultural plant residues. C. A. B. International, Oxford, Royaume-Uni.

163. Stack, R. J. & Hungate, R. E. (1984). Effet de l'acide 3-phénylpropanoïque sur la capsule et les cellulases de *Ruminococcus albus* 8. *Applied and Environmental Microbiology* **48**. 218-223.

164. Tchen, T. T., Bloch, K. (1957). Sur le mécanisme de la cyclisation enzymatique du squalène. *J Biol Chem* **226**. 931-938.

165. Teunissen, M. J., De Kort, G. V. M., Op den Camp, H. J. M., Vogels, G. D. (1993). Production d'enzymes cellulolytiques et xylanolytiques au cours de la croissance de champignons anaérobies provenant d'herbivores ruminants et non ruminants sur différents substrats. *Appl Biochem Biotechnol* **39/40**. 177-189.

166. Teunissen, M. J., Lahaye, D. H. T. P., Huis in 't Veld, J. H. J., Vogels, G. D. (1992) . Purification et caractérisation d'une ß-glucosidase extracellulaire

du champignon anaérobie *Piromyces* sp. souche E2. *Arch Microbiol.* **158**. 276-281.

167. Teunissen, M. J., Op den Camp, H. J. M., Orpin, C. G., Huis, J. H. J., Vogels, G. D. (1991). Comparison of growth characteristics of anaerobic fungi isolated from ruminant and non-ruminant herbivores during cultivation in a novel defined medium. *J Gen Microbiol* **137**. 1401-1408.

168. Theodorou, M. K., Davies, D. R., Jordan, M. G. C., Trinci, A. P. J., Orpin, C. (1993) . Comparaison des champignons anaérobies dans les fèces et les digesta du rumen des ruminants nouvellement nés et adultes. *Mycol Res* **97**. 1245-1252.

169. Theodorou, M. K., Gill, M., King-Spooner, C. & Beever, D. E. (1990). Enumeration of anaerobic chytridiomycetes as thallus forming units : a novel method for the quantification of fibrolytic fungal populations from the digestive tract ecosystem. *Applied and Environmental Microbiology* **56**. 10731078.

170. Theodorou, M. K., Longland, A. C., Dhanoa, M. S., Lowe, S. E., Trinci, A. P. J. (1989). Growth of *Neocallimastix* sp. strain R1 on Italian ryegrass hay removal of neutral sugars from plant cell walls. *Appl Environ Microbiol* **55**. 1363-1367.

171. Theodorou, M. K., Lowe, S. E., Trinci, A. P. J. (1988). The fermentative characteristics of anaerobic rumen fungi. *BioSystems* **21**. 371-376.

172. Theodorou, M. K., Trinci, A. P. J. (1989). Procedures for the isolation and culture of anaerobic fungi. In *The roles of protozoa and fungi in ruminant digestion* (eds. J. V. Nolan, R. A. Leng, D. I. Demeyer). pp. 145-152. Penambul Books, Armidale, Nouvelle-Galles du Sud.

173. Theodorou, M. K., Williams, B. A., Dhanoa, M. S., McAllan, A. B., France,

J. (1994). A simple gas production method using a pressure transducer to determine the fermentation kinetics of ruminant feeds. *Anim Feed Sci Technol* **48**. 185-197.

174. Timell, T. E. (1967). Recent progress in the chemistry of wood celluloses. *Wood Sci Technol* **49**. 499-521.

175. Tomme, P., Warren, R. A. J., Gilkes, N, R. (1995). Cellulose hydrolysis by bacteria and fungi. *Adv Microbiol Physiol* **37**. 1-81.

176. Trinci, A. P. J., Davies, D. R., Gull, K., Lawrence, M. I., Nielsen, B. B., Rickers, A., Theodorou, M. K. (1994). Anaerobic fungi in herbivorous animals (Champignons anaérobies chez les animaux herbivores). *Mycol Res* **98**. 129-152.

177. Ubhayasekera, W. (2005). Études structurales des enzymes actives de la cellulose et de la chitine. Thèse de doctorat. Université suédoise des sciences agricoles. Uppsala

178. Ulyatt, M. J., Baldwin, R. L. & Koong, L. J. (1976). The basics of nutritive value. A modeling approach. *Proceedings of the New Zealand Society for Animal Production* **36**, 140-149.

179. Ulyatt, M. J., Dellow, D. W., John, A., Reid, C. S. W. & Waghorn, G. C. (1986). Contribution of chewing during eating and rumination to the clearance of digesta from the rumen reticulum. In *Control of Digestion and Metabolism in Ruminants* (Proceedings of the 6th International Symposium on Ruminant Physiology) (ed. L. P. Milligan, W. L. Grovum & A. Dobson), pp. 498-515. Prentice-Hall : Englewood Cliffs, NJ, États-Unis.

180. Vavra, J., Joyon, L. (1966). Etude sur la morphologie, le cycle évolutif et la position systématique de *Callimastix cyclopis* Weissenberg 1912. *Protistologica* **2**. 5-15.

181. Wallace, R. J., Joblin, N. J. (1985). Proteolytic activity of a rumen anaerobic fungus. *FEMS Microbiol Lett* **29**. 19-25.

182. Warner, A. C. I. (1981). Rate of digesta passage through the gut of mammals and birds. *Nutrition Abstracts and Reviews* Series B **51**. 789-820.

183. Webb, J., Theodorou, M. K. (1988). A rumen anaerobic fungus of the genus *Neocallimastix* : ultrastructure of the polyflagellate zoospore and young thallus. *BioSystem* **21**. 393-401.

184. Whistler, R. H. A., Richards, E. L. (1970). Hemicellulose. Dans The carbohydrates. (eds. W. Pigman, P. Horton). pp. 447-469. Academic Press : New York, USA.

185. Williams, A. G. (1986). Rumen holotrich ciliate protozoa. *FEMS Microbiology Reviews* **50**. 25-49.

186. Williams, A. G., Orpin, C. G. (1987a). Polysaccharide-degrading enzymes formed by three species of anaerobic rumen fungi grown on a range of carbohydrate substrates. *Can J Microbiol* **33**. 418-426.

187. Williams, A. G., Orpin, C. G. (1987b). Glycoside hydrolase enzymes present in the zoospore and vegetative growth stages of the rumen fungi *Neocallimastix patriciarum*, *Piromonas communis*, and an unidentified isolate grown on a range of carbohydrates. *Can J Microbiol* **33**. 427-434.

188. Winterburn, P. J. (1974). Structure et fonction des polysaccharides. Dans *Companion to biochemistry : selected topics for further reading.* (eds. A. T. Bull, J. R. Lagnado, J. O. Thomas, K. E. Tipton). pp. 307-341. Longman : Londres, Royaume-Uni.

189. Wong, K. K. Y., Saddler, J. N. (1992). *Trichoderma* xylanases, their properties and application. *Crit Rev Biotechnol* **12**. 45-50.

190. Wood, T. M., McCrae, S. I., MacFarlane, C. C. (1980). L'isolement, la purification et les propriétés du composant cellobiohydrolase de *Penicillium funiculosum* cellulase. *Biochem J* **189**. 51-65.

191. Wood, T. M., McCrae, S. I., Wilson, C. A., Bhat, K. M., Gow, L. A. (1988). Aerobic and anaerobic fungal cellulases, with special reference to their mode of attack on crystalline cellulose. In *Biochimie et génétique de la dégradation de la cellulose*. (eds. J. P. Aubert, P. Beguin, J. Millet). pp. 32-52. Academic Press : London, UK.

192. Wood, T. M., Wilson, C. A. (1995). Studies on the capacity of the cellulase of the anaerobic rumen fungus *Piromonas communis* P to degrade hydrogen bond-ordered cellulose (Études sur la capacité de la cellulase du champignon anaérobie du rumen *Piromonas communis* P à dégrader la cellulose à liaison hydrogène). *Appl Microbiol Biotechnol* **43**. 572-578.

193. Woodward, J. (1984). Xylanases : fonctions, propriétés et applications. *Top Enzyme Ferment Technol* **8**. 9-30.

194. Wubah, D. A., Fuller, M. S., Akin, D. E. (1991a). Etudes sur *Caecomyces communis :* morphologie et développement. *Mycologia* **83**. 303-310.

195. Xue, G. P., Gobius, K. S., Orpin, C. G. (1992a). A novel polysaccharide hydrolase cDNA (celD) from *Neocallimastix patriciarum* encoding three multi-functional catalytic domains with high endoglucanase, cellobiohydrolase and xylanase activities. *J Gen Microbiol* **138**. 2397-2403.

196. Xue, G. P., Orpin, C. G., Gobius, K. S., Aylward, J. H., Simpson, G. D.(1992b). Clonage et expression de plusieurs ADNc de cellulase provenant des champignons anaérobies du rumen *Neocallimastix patriciarum* dans *Escherichie coli*. *J Gen Microbiol* **138**. 1413-1420.

197. Yarlett, N., Hann, A. C., Lloyd, D., Williams, A. G. (1981). Hydrogenosomes dans le protozoaire du rumen *Dasytricha ruminantium*.

Biochem **J200**. 365-372.

198. Yarlett, N., Hann, A. C., Lloyd, D., Williams, A. G. (1983). Hydrogenosomes dans l'isolat mixte d'*Isotricha prostoma* et d'*Isotricha intestinalis* provenant du contenu du rumen des ovins. *Comp Biochem Physiol* **74B**. 357-364.

199. Yarlett, N. C., Yarlett, N., Orpin, C. G., Lloyd, D. (1986a). Cryopréservation du champignon anaérobie du rumen *Neocallimastix patriciarum*. *Lett. App. Microbiol.* **3**. 1-3.

200. Yarlett, N., Orpin, C. G., Munn, E. A., Yarlett, N. C., Greenwood, C. A. (1986b). Hydrogenosomes in the rumen fungus *Neocallimastix patriciarum*. *Biochem J* **236**. 729-739.

201. Yarlett, N., Rowlands, C., Yarlett, N. C., et al. (1987). Respiration of the hydrogenosome-containing fungus *Neocallimastix frontalis*. *Arch Microbiol* **148**. 25-28.

202. Zhou L., G.-P., Orpin, C. G., Black, G. W., Gilbert, H. J., Hazlewood, G. P. (1994) . Le champignon anaérobie *Neocallimastix patriciarum* codant pour une endoglucanase modulaire de la famille A est doté d'un *celB* sans intronisation. *Biochem* **J297**. 359-364.

I want morebooks!

Buy your books fast and straightforward online - at one of world's fastest growing online book stores! Environmentally sound due to Print-on-Demand technologies.

Buy your books online at
www.morebooks.shop

Achetez vos livres en ligne, vite et bien, sur l'une des librairies en ligne les plus performantes au monde!
En protégeant nos ressources et notre environnement grâce à l'impression à la demande.

La librairie en ligne pour acheter plus vite
www.morebooks.shop

Printed by Books on Demand GmbH, Norderstedt / Germany